AI魔法绘画

用 *Stable Diffusion*

挑战无限可能

陈然 / 编著

电子工业出版社
Publishing House of Electronics Industry
北京·BEIJING

内 容 简 介

本书以实际操作为导向，详细讲解基于Stable Diffusion进行AI绘画的完整学习路线，包括绘画技巧、图片生成、提示词编写、ControlNet插件、模型训练等，同时搭配了丰富的实际操作案例，在附录中还提供了常用提示词中英文对照表，涉及画质、环境、风格、人物、发型、表情、表情符号、眼睛、服装、裤袜与腿饰、鞋子、其他装饰和动作。整本书内容全面、详尽且深入浅出，实用性很强。

本书总计8章。第1章为Stable Diffusion AI绘画入门，带领读者认识AI绘画，介绍Stable Diffusion界面并详解模型类型。第2章重点讲解如何使用Stable Diffusion生成AI图片，涉及文生图、图生图及局部重绘。第3、4、5、6章讲解常用模型（如Embedding、Hypernetwork、LoRA模型）及常用插件（如Dreambooth插件）的训练和使用方式，掌握这些内容后，可以做更多的个性化定制。第7章重点讲解ControlNet插件的使用方式，涉及姿态检测、线稿提取与上色、法线贴图、深度检测、毛边检测、线条检测、曝光度检测、语义分割、画风迁移、边缘检测及ControlNet插件的高级应用，掌握这些内容后，可以更精准地操作图片。第8章通过几个商业设计案例（如家具效果图、AI绘画与插图、AI宠物、原创IP角色、自媒体运营）为读者提供新的设计思路和工作方法。

本书读者无须具备任何软件编程基础，只需熟练操作计算机即可。本书适合设计及美术相关从业者、美术生、计算机技术爱好者，以及对AI绘画感兴趣的读者阅读。

图书在版编目（CIP）数据

AI魔法绘画：用Stable Diffusion挑战无限可能 / 陈然编著.—北京：电子工业出版社，2023.9
ISBN 978-7-121-46054-8

Ⅰ.①A… Ⅱ.①陈… Ⅲ.①图像处理软件 Ⅳ.①TP391.413

中国国家版本馆CIP数据核字（2023）第142021号

责任编辑：张国霞
印　　刷：中国电影出版社印刷厂
装　　订：中国电影出版社印刷厂
出版发行：电子工业出版社
　　　　　北京市海淀区万寿路173信箱　　邮编：100036
开　　本：720×1000　　1/16　　印张：13.5　　字数：260千字
版　　次：2023年9月第1版
印　　次：2023年9月第1次印刷
印　　数：4000册
定　　价：128.00元

凡所购买电子工业出版社图书有缺损问题，请向购买书店调换。若书店售缺，请与本社发行部联系，联系及邮购电话：（010）88254888，88258888。

质量投诉请发邮件至zlts@phei.com.cn，盗版侵权举报请发邮件至dbqq@phei.com.cn。

本书咨询联系方式：faq@phei.com.cn。

前言

为什么写作本书

随着 AI 技术的飞速发展，AIGC（Artificial Intelligence Generated Content，生成式人工智能）在美术与设计领域有了重大突破。各类优质的 AI 绘画作品与平台逐渐出现在大众的视野中，各大厂商也逐渐将 AI 绘画引进自己的工作流程中。可以发现，AI 绘画已经成为未来的发展趋势。笔者斗胆编写本书，希望各位读者通过本书进行系统学习和实践，全面掌握 AI 绘画这一技术，并将其应用于自己的生活和工作中。

本书以实际操作为导向，详细讲解基于 Stable Diffusion 进行 AI 绘画的完整学习路线，包括绘画技巧、图片生成、提示词编写、ControlNet 插件、模型训练等，同时搭配了丰富的实际操作案例，在附录中还提供了常用提示词中英文对照表，涉及画质、环境、风格、人物、发型、表情、表情符号、眼睛、服装、裤袜与腿饰、鞋子、其他装饰和动作。整本书内容全面、详尽且深入浅出，实用性极强。

本书读者对象

本书读者无须具备任何软件编程基础，只需熟练操作计算机即可。本书适合设计及美术相关从业者、美术生、计算机技术爱好者，以及对 AI 绘画感兴趣的读者阅读。

读者可以通过 AI 绘画生成日常所需的图片素材，或者通过模型训练生成个性化的图片素材，还可以通过 AI 绘画插件生成 AI 短视频；将 AI 绘画引入自己的工作流程中，为自己带来更多的创作灵感，提高工作效率，同时提升自己的核心竞争力。

本书特色

本书特色如下。

- 本书整合了互联网上的零散知识点，并给出了明确的学习路线，内容详尽，图文并茂，能让初学者无障碍地学习。

- 本书以实际操作为导向，同时搭配了丰富的实际操作案例，非常实用。

- 为了让初学者快速入门，笔者会在 B 站或者抖音上不定期更新教学视频，并且笔者会重视读者的反馈，会对读者提出的问题、建议进行梳理与回复，并在本书后续版本中及时做出勘误与更新。

- 在本书附录中提供了常用提示词中英文对照表，涉及画质、环境、风格、人物、发型、表情、表情符号、眼睛、服装、裤袜与腿饰、鞋子、其他装饰和动作。读者通过参照该表，可以更便捷地编写提示词，实现自己想要的 AI 绘画效果。

学习建议

因为本书以实际操作需要为导向，所以建议读者准备一台高配个人计算机，对于书中每一章的内容，都做大量练习来巩固，特别是第 3、4、5、6 章。模型训练过程是纯黑盒式的，随机性很大且无法把控，要想训练出优质的模型，就必须积累大量经验。

也希望读者能举一反三，用书中的基础知识挑战无限可能。

资源和勘误

本书提供配套软件、插件及读者群，读者可以通过本书封底的"读者服务"获取这些资源。

读者在阅读本书的过程中有任何问题或者建议，都可以通过笔者的 B 站或者抖音账号"陈二哈是个技术宅"进行反馈，也可以加入本书读者群进行沟通与反馈。笔者将十分感谢并重视读者的反馈，会对读者提出的问题、建议进行梳理与回复，并在本书后续版本中及时做出勘误与更新。

致谢

感谢电子工业出版社的张国霞编辑，她在本书成书过程中对笔者的指导、协助和鞭策，是本书得以完成的重要助力。

陈 然

目录

第1章

Stable Diffusion
AI绘画入门

1.1 认识 AI 绘画

AI 的发展可以追溯到 20 世纪 50 年代，当时的科学家们开始研究如何让机器变得智能。在接下来的几十年里，AI 得到了不断发展和完善，并涉及机器学习、深度学习、自然语言处理、计算机视觉等多个领域。

1.1.1 AI 的应用领域

现阶段，AI 主要在以下领域应用。

（1）机器学习：AI 的核心技术之一，指机器从数据中学习，不断提高自己的准确性和效率，目前主要用于图像识别、语音识别、自然语言处理等。

（2）深度学习：机器学习的一种，通过构建多层神经网络，可以实现更加复杂的任务，例如图像和语音识别。

（3）自然语言处理：让机器理解和处理人类语言的技术。随着人们对智能语音助手、智能客服等应用的需求不断增加，该技术已得到广泛应用。

（4）计算机视觉：让机器理解和处理图像、视频的技术。随着人们对智能安防、自动驾驶等应用的需求不断增加，该技术也得到了广泛应用。

（5）AI 与大数据、云计算的结合：AI 需要大量的数据和计算资源支持，而大数据和云计算技术的发展为 AI 的发展提供了强有力的支持。总的来说，在 AI 时代，我们可以通过 AI 实现更多的智能化应用，这些应用涉及各个领域，例如医疗、金融、交通、制造等。未来，AI 还将继续发展，为我们带来更多的便利和创新。

（6）AIGC：指利用 AI 技术，特别是自然语言处理（NLP）和生成对抗网络（GAN）等，自动创作各类内容。这些内容包括但不限于文本、音频、图片、视频、程序和网页等。

1.1.2 AI 绘画简介

2023 年，AIGC 在美术领域有了重大突破，例如最近非常热门的 AI 绘画。AI 绘画指通过训练机器学习算法，使计算机能够模仿人类绘画的技巧和风格，创作不同艺术风格的图像和画作，比如人物肖像、实物图片、Logo 和工业设计图等，能为创作者提供更便捷、高效的创作方式和灵感来源。

现阶段，AI 绘画的应用领域包括但不限于以下 9 个。

（1）游戏开发：AI 绘画可用于生成游戏角色、场景和道具，提高游戏开发效率；还可以根据玩家的行为和喜好实时生成新的游戏元素，提升玩家的游戏体验。

（2）动漫图片制作：AI 绘画可用于快速生成高质量的动漫图片，为自媒体创作者提供大量动漫图片素材。

（3）广告设计：AI 绘画可以帮助广告和营销专业人士生成具有吸引力的视觉内容，提升广告和营销活动的效果。通过对大量广告素材的学习，AI 绘画还可用于生成适合目标受众的创意广告。

（4）艺术创作：AI 绘画可以帮助艺术家生成新颖的艺术作品，或者在现有作品的基础上进行创新，通过深度学习和生成对抗网络等技术，还可以学习不同的艺术风格并创作独特的艺术作品。

（5）教育培训：AI 绘画可以针对教育和培训领域提供丰富的视觉教学资源，帮助学生更好地理解抽象概念和知识点；还可以根据学生的学习进度和需求生成个性化的教学内容。

（6）建筑设计：AI 绘画可以针对设计领域和建筑领域提供创意灵感，帮助设计师和建筑师快速生成草图、布局和设计方案；还可以根据用户的喜好和需求进行个性化设计。

（7）工业设计：AI 绘画可用于工业设计，帮助设计师更快速地制作产品原型和效果图。

（8）宠物行业：AI绘画可用于宠物摄影。我们将宠物图片训练成AI模型，借助AI绘画就可以快速生成宠物图片，省去了给宠物拍照的麻烦。

（9）医学和科研：AI绘画可以帮助医学和科研人员快速生成生物结构、器官和病理图像，提高研究和诊断的准确性。此外，AI绘画可以根据实验数据生成可视化图表，帮助科研人员更好地分析和解释研究结果。

本书重点介绍Stable Diffusion Web UI（在本书中统一称之为Stable Diffusion），这是一种基于AI的在线绘画工具，可帮助用户轻松创建不同艺术风格的绘画作品。该工具采用了稳定扩散算法，可以在保持图像细节的同时，将图像转换为特定艺术风格的绘画作品。用户可以通过该工具选择不同的绘画风格，例如油画、水彩画、素描等，还可以进行模型训练并搭配不同的插件，以满足不同的绘画需求。此外，该工具具有友好的用户界面，用户可以通过它轻松地进行绘画操作，并在短时间内生成令人惊叹的绘画作品。

图1-1～图1-11均为通过AI绘画生成的绘画作品。

图 1-1

图 1-2

图 1-3

图 1-4

图 1-5

图 1-6

图 1-7

图 1-8

图 1-9

图 1-10

图 1-11

1.1.3 为什么要学习 AI 绘画

随着科技的进步，许多传统行业都受到了自动化和数字化的冲击。我们只有不断学习新的技能和知识，才能保持竞争力，获得更好的职业发展机会。

笔者认为，学习 AI 绘画有以下好处。

（1）提高创造力和想象力：学习 AI 绘画可以帮助我们更好地理解、掌握艺术创作方法和技巧，从而提高想象力和创造力。

（2）探索 AIGC 的未来：AI 绘画是当今最热门的技术之一，学习该技术可以让我们更好地了解 AIGC 的未来发展趋势和应用场景。

（3）提高就业竞争力：AIGC 在各个领域都有广泛应用，学习 AI 绘画可以让我们具备更多的技能和知识，进而提高就业竞争力。

（4）提升审美和文化素养：学习 AI 绘画可以让我们更好地欣赏和理解艺术作品，提升审美素养和文化素养。

接下来系统讲解 AI 绘画知识，读者无须具备任何编程知识，只需熟练操作计算机即可。

1.2 Stable Diffusion 界面介绍

在本书封底的"读者服务"中提供了 Stable Diffusion 的安装包，读者可以通过它部署 Stable Diffusion，也可以访问 GitHub 拉取 Stable Diffusion 源码进行自行部署，或者下载由专业技术人员制作的安装包进行部署。本节讲解 Stable Diffusion 的常用界面和每个界面的作用。

1.2.1 文生图界面

Stable Diffusion 的文生图界面最常用，该界面主要由以下部分组成，如图 1-12 所示。

（1）模型选择区：在这里可以加载并选择主模型，主模型会影响生成的图片的画风。

（2）界面导航区：在这里单击导航标签即可切换到不同的界面，安装新的插件会相应地增加这个区域的导航标签。

（3）提示词书写区：用户可以在这里输入正面提示词和负面提示词，以决定生成什么样的图片，所有提示词均为英文单词或短语。

（4）参数区：可用于调整各类参数，由此调整图片的生成效果。

（5）脚本与插件区：可以加载各类脚本与插件来辅助图片的生成。

（6）提示词存储区：可以存储或加载用户编辑好的提示词。

（7）图片预览区：会显示生成的图片。

总的来说，Stable Diffusion 的文生图界面简洁、清晰，操作简单，适合初学者和专业用户使用。

图 1-12

1.2.2 图生图界面

在 Stable Diffusion 的图生图界面左下角增加了一个图片上传区,如图 1-13 所示。我们可以先在图片上传区上传一张底图,然后根据这张底图的画风或结构来生成新的图片。图生图界面的其他区域与文生图界面一致。

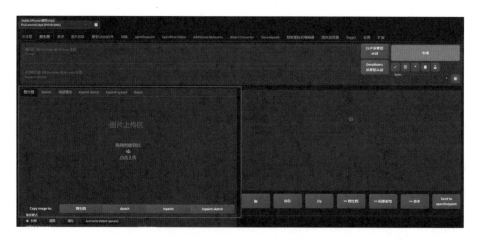

图 1-13

1.2.3 训练界面

在 Stable Diffusion 的训练界面可以创建自己的模型,并且通过设置不同的参数来完成模型训练，如图 1-14、图 1-15 所示分别是 Textual Inversion 模型和 Dreambooth 插件的训练界面。Textual Inversion 模型在 Stable Diffusion 中通常被称为 Embedding 模型，之后统一称之为 Embedding 模型。

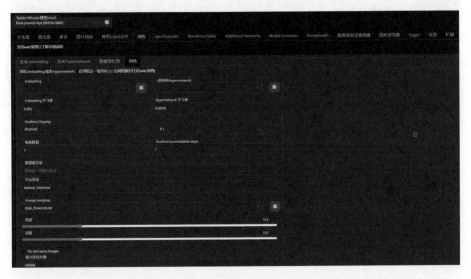

图 1-14

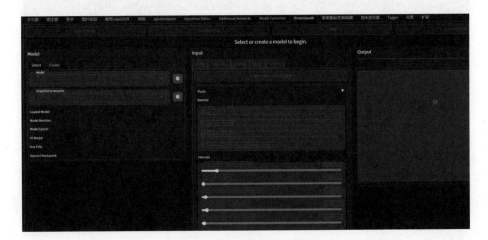

图 1-15

1.2.4 设置界面

在 Stable Diffusion 的设置界面可以设置全局参数，如图 1-16 所示。

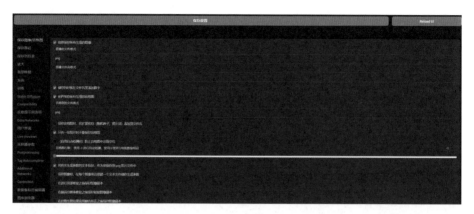

图 1-16

1.2.5　扩展界面

在 Stable Diffusion的扩展界面可以查看或更新已安装的插件，还可以通过在线方式自动安装新的插件。单击"检查更新"按钮，可以自动检测需要更新的插件，如图 1-17 所示。

图 1-17

依次单击"可用"选项卡、"加载自"按钮，可以加载所有可安装的插件列表，还可以在列表中看到插件名称和插件描述，单击最右侧的"安装"按钮即可自动安装对应的插件，如图 1-18 所示。

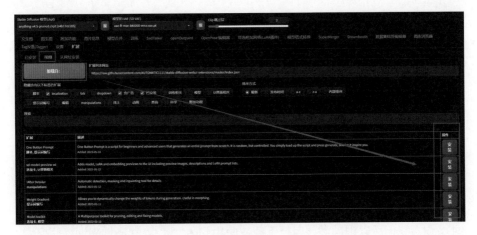

图 1-18

依次单击"扩展""从网址安装"选项卡，在"扩展的 git 仓库网址"一栏输入插件的 GitHub 链接，就可自动安装对应的插件。读者可在本书封底所示的"读者服务"中找到这里所用插件的链接，复制链接后在如图 1-19 所示的界面进行安装即可。

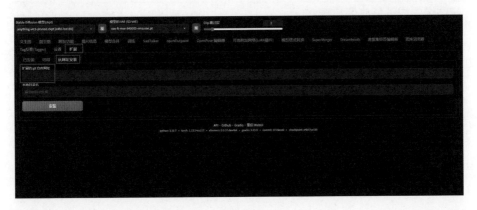

图 1-19

1.3 模型类型详解

在使用 Stable Diffusion 生成图之前，我们需要先了解 Stable Diffusion 中的常用模型。

1.3.1　底模型（Base Model）

Stable Diffusion 中的底模型（也叫作大模型或者主模型）在前期的训练过程中会学习大量的艺术画作、设计图等图像数据，使生成的图像更准确、生动。底模型由于经过了较长时间的训练和调整，在网络结构、训练数据等多个方面都做了充分优化，因此在生成高质量的绘画图像时表现出了优异的性能和效果。

我们可以通过界面左上角模型选择区的下拉框来选择不同风格的底模型，不同风格的底模型生成的图片效果不同。底模型大小为 2GB～7GB，后缀一般为 ckpt。我们可以根据需要自行下载或使用 Dreambooth 插件来训练底模型，底模型的存储路径为"D:\stable-diffusion-webui\models\Stable-diffusion"。

1.3.2　Embedding 模型

Embedding 模型是一种基于深度学习的图像处理模型，可以将文本描述转换为图像。该模型使用了生成对抗网络和卷积神经网络（CNN）等技术，在图像生成领域应用广泛。

在Embedding模型中首先输入一段文字描述，然后通过卷积神经网络将其编码为一个向量，再将该向量输入生成对抗网络进行图像生成。生成对抗网络通常由两部分组成：生成器和判别器。生成器用于生成逼真的图像以"欺骗"判别器，判别器则用于判断生成器生成的图像与真实图像的差别。通过反复迭代和训练Embedding模型，可以不断优化生成器和判别器的应用效果，从而生成更逼真的图像。Embedding模型可用于很多领域，比如电影特效、游戏开发、虚拟现实等，这为图像生成技术的发展带来了新的思路和方法。

在 Stable Diffusion 中，Embedding 模型可以通过训练生成，一般用于训练角色。它的训练流程比较简单，非常适合新手使用。Embedding 模型大小约为 50KB，后缀一般为 pt。我们可以按需自行训练或者下载 Embedding 模型，存储路径为 "D:\stable-diffusion-webui\embeddings"。

1.3.3　Hypernetwork 模型

Hypernetworks 模型是一种用于生成神经网络权重的神经网络模型。与传统的神经网络不同，它可以根据输入数据的特征动态地生成网络权重，从而适应不同的任务。

Hypernetwork 模型具有强大的快速适应性，这意味着它可以在输入数据不断变化的情况下，不断更新另一个神经网络的参数。这在计算资源受限的情况下非常实用，并具有很高的使用价值。

我们可以这样形象解释 Hypernetwork 模型的工作原理：假设我们身边有一个咖啡师（神经网络 A），他负责制作咖啡（生成预测）；Hypernetwork 模型就像这个咖啡师的老板（神经网络 B），负责告诉咖啡师如何工作，例如量取咖啡粉、加热水等；这样，咖啡师的老板如果发现咖啡师的制作方法有问题，就会调整咖啡师的工作方式。

在 Stable Diffusion 中，Hypernetwork 模型可以通过训练生成，一般用于训练画风。Hypernetwork 模型大小为 50MB～1GB，后缀一般为 pt。我们可以按需自行训练或者下载 Hypernetwork 模型，存储路径为"D:\stable-diffusion-webui\models\hypernetworks"。

1.3.4　LoRA 模型

我们可以将 LoRA 模型（Low-Rank Adaptation of Large Language Model）理解为针对底模型的一种微调，可以在不修改底模型的前提下，利用少量数据训练出一种画风或人物，实现定制化需求。该模型所需的训练资源比训练底模型要少很多，非常适合个人开发者使用。

LoRA 模型最初用于 NLPQ 领域，用于微调 GPT-3 等模型（也就是 ChatGPT 的前身）。由于 GPT 模型的参数量超过千亿，训练成本很高，因此 LoRA 模型采用了一种方法：仅训练低秩矩阵，在自己被使用时将自己的参数注入 SD 模型，从而改变底模型的生成风格，或者为底模型添加新的人物角色。

我们可以这样形象地解释 LoRA 模型的工作原理：假设我们是调音师，需要为一部电影调节音效；已有一套通用的音效预设（预训练模型），但这套预设并不完全适合这部电影；此时，我们需要在现有的音效预设基础上微调，使其更适合这部电影。

在 Stable Diffusion 中，LoRA 模型可以通过训练生成，可用于训练人物、物件或画风。LoRA 模型大小为 20MB～200MB，后缀一般为 safetensors。如果想在 Stable Diffusion 主界面直接加载该模型，则将 LoRA 模型存储至"D:\stable-diffusion-webui\models\lora"路径下；如果想在 additional-networks 插件中加载该模型，则将 LoRA 模型存储至"D:\stable-diffusion-webui\extensions\sd-webui-additional-networks\models\lora"路径下。

1.4　本章小结

本章简单介绍了 AI 绘画的基本概念、应用领域、常用界面和模型类型。其中，模型类型对于初学者来说，理解起来有一定的难度。通俗地讲，底模型就像火锅的锅底，不同的底模型可以生成不同画风的图片，例如动漫画风、写实画风等，就像不同的锅底对应不同口味的火锅，例如麻辣锅、鸳鸯锅等。Embedding、Hypernetwork 和 LoRA 模型就像吃火锅时使用的味碟，我们可以根据自己的需求调配各种口味。通过训练 Embedding、Hypernetwork 和 LoRA 模型，可以定制角色或画风。

我们可以在国内外的模型共享网站下载或发布上述模型，如图 1-20 所示。

图 1-20

在第 2 章会讲解如何使用 Stable Diffusion 生成图片，让我们一起探索神奇的 AI 世界吧！

第2章

使用Stable Diffusion
生成图片

2.1 文生图

Stable Diffusion 有文生图功能，只要我们通过编写提示词来描述我们想要的内容，Stable Diffusion 就会自动帮我们生成对应的图片。

2.1.1 快速生成我们的第一张 AI 图片

在正面提示词输入框中输入一个单词"dog"，然后单击"生成"按钮，Stable Diffusion 就会自动帮我们生成一张狗的图片，如图 2-1 所示。

图 2-1

2.1.2 编写正面提示词

在 Stable Diffusion 中，提示词非常重要，因为提示词可以引导 AI 生成特定的图像。为了获得更出色的效果，我们应该遵循以下规律编写提示词。

- 确保清晰、简洁：在编写提示词时，要确保语句清晰、简洁，因为 AI 很难解析和执行长而复杂的语句。

- 使用明确的描述：尽量使用明确的形容词和名词来描述自己想要的图像。例如，"一只刚刚捕获猎物的雄狮"比"一只狮子"的描述更明确。

- 切勿过分模糊：避免使用模糊的语句，因为这可能导致 AI 生成的结果不满足我们的期望。例如，"一幅素描人物肖像"比"人物肖像"更具体。

- 指明图像风格：如果希望 AI 生成具有特定艺术风格的图像，例如立体主义、印象派等，则需要在提示词中明确指出，例如"一幅妇人在田野中漫步的油画"。

- 控制图像比例和布局：如果希望控制图像的布局，则可以在提示词中添加比例和方向指示。例如，在"一只巨大的蝴蝶，夕阳下落的背景"中，"巨大"和"背景"提供了图像的一些定位信息。

- 使用场景描述：为 AI 提供要生成的内容的场景或背景，例如"一个穿着红裙子的女孩站在铁路轨道上"。

那么，如何进一步提升图片的质量和准确度呢？接下来，我们需要进一步学习提示词的书写规范。如果想生成一张高质量的图片，则往往需要大量的提示词。我们可以把一串提示词大致拆解成画质、画风、人物（人设、面部、身体、服装、饰品等）、背景、光影等部分。

- 在画质部分，我们可以填写"masterpiece, best quality, illustration, extremely detailed CG unity 8k wallpaper, ultra-detailed, depth of field"。其中文翻译是"杰作，最佳质量，插图，极度详细的 8K 壁纸，超高详细度，景深"。

- 在画风部分，我们可以按需添加以下单词中的一个：Chinese ink painting、water color、oil painting、sketch、realistic 等，其中文翻译是"中国水墨画、水彩、油画、素描、写实"。也可以添加著名画家的美术风格，例如 by van Gogh（梵高）。

- 在人物部分，我们可以填写"1girl, solo, upper body, black hair, long hair, bangs, black eyes, beautiful and detailed face, smile, school uniforms"。其中文翻译是"一个女孩，单独，上半身，黑发，长发，刘海，黑色眼睛，美丽的充满细节的脸，微笑，校服"。

- 在背景部分，我们可以填写"beautiful and clear background, beautiful detailed sky, garden field, flowers"。其中文翻译是"美丽且清晰的背景，美丽的充满细节的天空，花园般的田野，鲜花"。

- 在光影部分，我们可以填写"shining, best light, best shadow"。其中文翻译是"闪耀，最佳光线，最佳阴影"。

2.1.3　编写负面提示词

接下来编写负面提示词。我们可以将负面提示词理解为一种"去除功能"，可以通过它去除自己不想要的内容。我们通常会在负面提示词中填写"lowres, bad anatomy, bad hands, error, missing fingers, extra digit, fewer digits, cropped, worst quality, low quality, signature, watermark, username, blurry, text, more than five fingers, more than two arms, more than two legs, too long arms, fat"。

> 负面提示词翻译：低分辨率,糟糕的人体结构,糟糕的手,错误,缺少手指,多出一根手指,少根手指,裁剪,最低质量,低质量,签名,水印,用户名,模糊,文本,手指数量大于5,手臂数量大于2,腿数量大于2,手臂过长,胖。

以上提示词搭配不同的底模型和参数，最终的生成效果如图2-2～图2-4所示。

图 2-2

图 2-3

图 2-4

2.1.4 提示词的语法规则

（1）多个提示词之间需要以半角逗号隔开，且位置靠前的提示词权重更高。

（2）可以用圆括号"（）"将提示词的权重提升为当前的 1.1 倍，它可以嵌套多层。例如，(black hair) 的权重为 1.1，((black hair)) 的权重为 1.21，(((black hair))) 的权重约为 1.33，以此类推。

（3）可以用方括号"[]"将提示词的权重降低为当前的 0.9 倍，它也可以嵌套多层。例如，[black hair] 的权重为 0.9，[[black hair]] 的权重为 0.81，[[[black hair]]] 的权重约为 0.73，以此类推。

（4）可以用"(prompt:xxx)"格式指定该提示词的权重。例如，(black hair:1.35) 表示"black hair"这一提示词的权重为 1.35。

2.1.5　设置参数

下面讲解 Stable Diffusion 生成图片时的重点参数设置。

（1）采样步数（Sampling Steps）：图像在生成过程中的迭代次数。通过增加采样步数，可以提高图像的生成质量，但同时会增加计算成本和时间。我们通常可以选择较少的采样步数进行快速预览，在选定最终设计之后选择较多的采样步数生成高质量图像，推荐采样步数为 20～60。

（2）采样方法（Sampling Method）:该方法影响图像生成过程的内部迭代。在 Stable Diffusion 界面的参数区的"采样方法"下拉框中有多种采样方法可供选择，以下是常用的采样方法简介。

- Euler a 和 Euler：Euler a 适合用于插画，富有创造力，随机性较大，速度非常快，不需要太多的采样步数。而 Euler 更加柔和，同时会虚化背景。推荐新手使用这两种采样方法。

- LMS：适合生成写实风格的图片，对比度和饱和度都低一些。

- Heun：适合生成风景画，速度较慢。

- DPM2 和 DPM2 a：对提示词的利用率最高。DPM2 a 更适合处理人物特写。

- DDIM：适合宽屏，擅长处理环境光，不适合写实，同时需要更多的采样步数。

- DPM++ 2M：速度和质量都非常不错，会自动完善图片细节，推荐新手使用。

（3）宽高比（Width,Height）：可以调整生成图片的分辨率，推荐分辨率接近 768×768。过高的分辨率可能会导致生成的图片出现多个人物，原因是原始模型在训练时所使用的图片素材的分辨率都比较低。所以，若需要生成高分辨率的图片，则建议开启高清修复功能。

（4）CFG Scale（Classifier-Free Guidance Scale，提示词相关性）：主要用于调节提示词对扩散过程的引导程度。该参数的值若较大，则将提高生成结果与提示词的匹配度，同时会增加生成结果的饱和度和对比度。推荐填写5.5～7.5。

（5）面部修复（Restore Faces）：当面部为远景时，可勾选该参数；当面部为近景或半身照时，无须勾选该参数。

（6）高清修复（Hires Fix）：可以在不改变图像基本结构的前提下，将图像放大。以下是高清修复中常用参数的设置方法。

- 放大步数（Hires Steps）：该步数需要根据采样器和提示词进行灵活设置，新手将其填写为 0 即可。

- 放大倍数（Upscale By）：指最终生成的图片分辨率，按需填写即可。

（7）图像生成种子（Seed）：可以将其理解为每张图片的唯一编号，如果在输入框中填写 –1，就表示随机生成图片；如果填写了某张图片的种子，就会生成与这张图片相似的图片。单击"附加"选项（Extra），还可以进一步设置如下扩展参数。

- 差异种子（Variation Seed）：我们可以按需填写一个差异种子。

- 差异强度（Variation Strength）：指差异种子和原始种子的差异强度。如果将其填写为 0，则按照原始原种子生成图片；如果将其填写为 1，则按照新种子生成图片。

（8）批次大小（Batch Size）：指每次连续生成的图片的数量。例如，当批次大小为 10 时，单击一次"生成"按钮就会连续生成 10 张图片。

（9）批次数量（Batch Count）：指可同时运行的批次数量。例如，当批次大小为 10 且批次数量为 3 时，单击一次"生成"按钮就会连续生成 10×3 即 30 张图片。

2.1.6 案例1：国风少女

接下来应用前面讲解的知识制作国风少女，提示词和参数参考如下。

正面提示词：masterpiece, best quality, illustration, Chinese ink painting, watercolor, Chinese brush painting, Chinese style, 1girl, upper body, solo, detailed face, beautiful detailed eyes, black hair, cheongsam, smile, long hair, small breasts, beautiful detailerd hair, flowers, flying petals, floating hair, ink background, arms behind back。

> 正面提示词翻译：杰作，最高品质，插画，中国水墨画，水彩画，国画，中国风，一个女孩，半身照，一个人，五官清晰，美丽且充满细节的眼睛，黑色头发，旗袍，微笑，长发，小胸，美丽且充满细节的头发，花朵，飞舞的花瓣，飘动的头发，水墨背景，双臂放在背后。
>
> 正面提示词的大致含义为：在极高的画质下画一个国风少女，背景为有花的地方。

负面提示词：bad face, bad anatomy, bad proportions, bad perspective, multiple views,concept art, reference sheet, mutated hands and fingers, interlocked fingers, twisted fingers, excessively bent fingers, more than five fingers, lowres, bad hands, text, error, missing fingers, extra digit, fewer digits, cropped, worst quality, low quality, normal quality, jpeg artifacts,signature,watermark,username,blurry,artist name, low quality lowres multiple breasts, low quality lowres mutated hands and fingers, more than two arms, more than two hands, more than two legs, more than two feet, low quality lowres long body, low quality lowres mutation poorly drawn, low quality lowres black-white, low quality lowres bad anatomy, low quality lowres liquid body, low quality lowres liquid tongue, low quality lowres disfigured, low quality lowres malformed, low quality lowres mutated, low quality lowres anatomical nonsense, low quality lowres text font UI, low quality lowres error, low quality lowres malformed hands, low quality lowres long neck, low quality lowres blurred, low quality lowres flowers。

参数设置如图 2-5 所示。

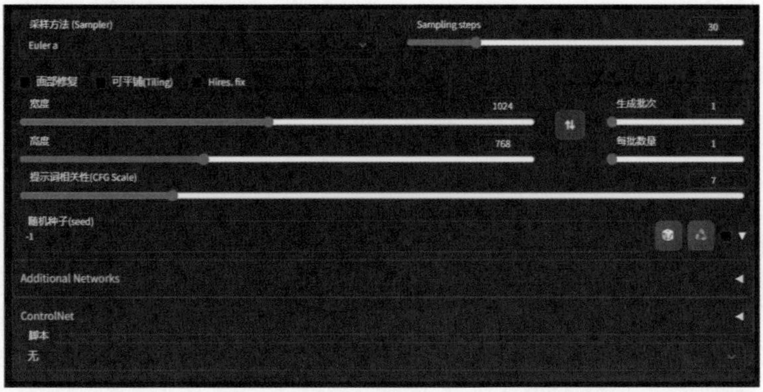

图 2-5

最终效果如图 2-6、图 2-7 所示。其中，图 2-6 的底模型为 anything4.5，图 2-7 的底模型为 realdosmix。

图 2-6

图 2-7

2.1.7　案例2：风景壁纸

在该案例中输入了正面提示词：(highly detailed),((masterpiece)),(Impasto),intricate,digital painting,shadow,landscapes,(autumn:1.2),fantasy,(firefly),delicate grassland,(grassland:1.3),(lake:1.3),(villiage:1.2),lights,clear sky,wind,beautiful sky,cumulus,(night sky),(stars)。

正面提示词翻译：(高度详细),((杰作)),(厚涂法), 精细 , 数码绘画 , 阴影 , 风景画 ,(秋天 :1.2), 幻想 ,(萤火虫), 清新草原 ,(草原 :1.3),(湖泊 :1.3),(村庄 :1.2), 灯光 , 明亮清澈的天空 , 风 , 美丽的天空 , 积云 ,(夜空),(星星)。

正面提示词的大致含义为：在极高的画质下画一幅梦幻般的风景画，画中描绘的是夜晚湖边的村庄。

对于负面提示词和参数，可参考案例 1，最终效果如图 2-8 所示。也可按需自行修改负面提示词和参数。

图 2-8

我们也可按需修改正面提示词。例如，将 autumn、night sky、stars 换成 spring、fine day、shining、sun 等，修改后，最终效果如图 2-9 所示。

图 2-9

2.2 图生图

Stable Diffusion 的图生图功能：我们上传一张图片作为底图，再搭配上我们编写的提示词，Stable Diffusion 就会自动帮我们根据底图生成对应的图片。

2.2.1 上传底图

在图生图界面先上传一张底图，然后基于这张底图进行画风和细节上的修改。单击图生图界面如图 2-10 所示的区域，即可上传底图。

图 2-10

2.2.2 设置参数

图生图界面的参数与文生图界面的参数基本一致，只是增加了一个"重绘幅度 (Denoising strength)"参数，该参数的值越小，生成的图片就越接近底图。我们根据图 2-11、图 2-12 所示按需设置该参数即可。

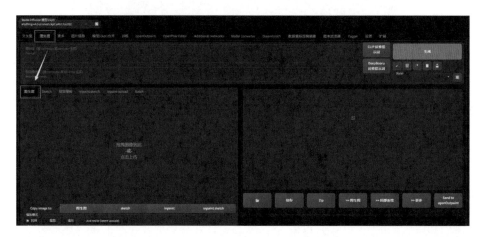

图 2-11

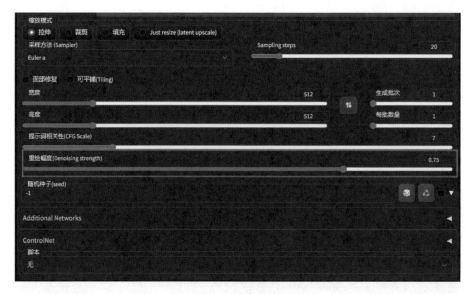

图 2-12

另外，这里的宽度和高度要调整到与底图一致。例如，因为我们上传的底图分辨率为 1024×768，所以这里应将宽度设为 1024，将高度设为 768。

2.2.3 案例：普通照片风格转换

接下来应用上述知识点进行普通照片风格转换。

（1）上传底图，如图 2-13 所示。

图 2-13

（2）调整底图的宽度和高度，如图 2-14 所示。

图 2-14

（3）编写提示词（赛博朋克风格）: (((masterpiece))),(((best quality))),
((ultra-detailed)),(illustration),(dynamic angle),(((night,heavy rain))),bloom,

((floating)),(paint),((disheveled hair)),(solo),((very young,loli,cute,cute loli face)),((small_breasts)),(((detailed anima face))),((beautiful detailed face)),collar,upper body,(((warframe,mechanical arms))),white hair,((colorful hair,rainbow hair)),((streaked hair)),beautiful detailed eyes,pink eyes,((cyberpunk)),(cyberpunk city),(broken city),neon light。

> 　　正面提示词翻译：(((杰作))),(((最佳质量))),((超详细)),(插图),(动态角度),(((夜晚，大雨))),(曝光 ,((浮动的)),(绘画),((凌乱的头发))),(一个人),((非常年轻，萝莉，可爱的，可爱的萝莉脸))),((小胸))),(((充满细节的动画风格的脸))),((美丽且充满细节的脸)),衣领，上半身,(((战甲，机械臂))),白发 ,((彩色发，彩虹发)),(((分色发))),美丽且充满细节的眼睛，粉色的眼睛 ,((赛博朋克)),(赛博朋克城市),(破碎的城市),霓虹灯。

　　正面提示词的大致含义为：在极高的画质下画一个赛博朋克风格的少女，背景为一座破碎的赛博朋克风格的城市。

　　（4）调整参数，如图 2-15 所示。

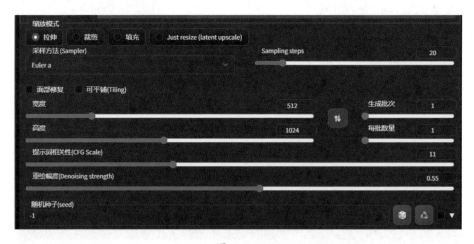

图 2-15

　　单击右上角的"生成"按钮，会得到一张赛博朋克风格的图片，如图 2-16 所示。

图 2-16

2.3 局部重绘——画笔工具的使用

　　局部重绘界面的参数与图生图界面的参数基本一致，只是增加了一个画笔功能，我们可以使用画笔涂抹底图，被涂抹的区域会被重新绘制。如图 2-17 所示是局部重绘的基础界面。

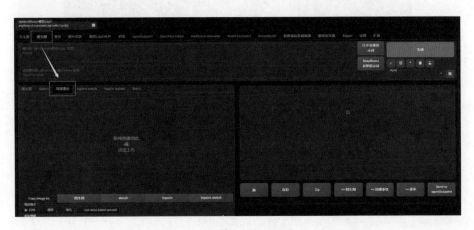

图 2-17

（1）上传一张底图，将宽度和高度调整到与底图一致。单击画笔工具并调节画笔粗细，如图2-18所示。

图 2-18

（2）用画笔涂抹想替换的区域。例如，这里想给图中的人物换一身衣服，则只需把衣服的区域涂黑即可，如图2-19所示。

图 2-19

（3）在提示词中写入想替换的服装类型，例如 suit、maid、sailor shirt、wedding_dress、gothic_lolita 等。这里仅输入"maid"，就把底图中的旗袍替换成了女仆装，如图2-20所示。

图 2-20

2.4 本章小结

本章讲解了文生图、图生图、局部重绘这三种基本的图片生成方法,我们熟练掌握这些方法后就可以快速生成大量优质图片。如果在编写提示词时没有灵感,则可借助提示词生成工具,或者在互联网上搜索一些提示词来用。另外,在 AI 绘画圈子中,提示词往往被称为"咒语",提示词文档往往被称为"魔导书"或"元素法典",AI 绘画人员往往被称为"魔导师"或"炼丹师"。

以下是一些正面提示词案例。

- masterpiece, best quality, illustration, 1girl, detailed face, beautiful detailed face, colorful hair, rainbow hair, beautiful detailed eyes, colorful background, colorful bubble, shining。

- masterpiece, illustration, perfect detailed, beautiful background, depth of field, 1girl stands in the garden, beautiful face, pink hair, long hair, coat, short skirt, hair blowing with the wind, flowers, butterflies flying around。

- (pixel art:1.25), masterpiece, best quality, 1girl, beautiful white hair, coat, looking at viewer, raining, beautiful detailed water, beautiful detailed sky, ruins, best light, soft light。

- masterpiece, best quality, no humans, a sofa in a livingroom, wall, windows, light, woody floor, flowers, shining, best light, best shadow。

- (chibi:1.15), best quality, masterpiece, 1girl, loli, white hair, detailed face, skirt, pleated skirt, cyberpunk city, colorful, neon light, clouds, stars, detailed sky, night, best shadow。

以上正面提示词案例可被翻译如下。

- 杰作，最高质量，插画，一个女孩，充满细节的脸，美丽且充满细节的脸，多彩的头发，彩虹色头发，美丽且充满细节的眼睛，多彩的背景，彩色气泡，阳光。

- 杰作，插画，完美的细节，美丽的背景，景深，一个女孩站在花园里，美丽的脸，粉色的头发，长发，外套，短裙，头发随风飘动，鲜花，蝴蝶围绕飞舞。

- (像素艺术 :1.25), 杰作，最高画质，一个女孩，美丽的白发，外套，注视着观众，下雨，美丽且充满细节的水面，美丽且充满细节的天空，废墟，最佳光线，柔和的光线。

- 杰作，最高质量，没有人，客厅里的一张沙发，墙壁，窗户，光线，木质地板，鲜花，阳光，最佳光线，最佳阴影。

- (Q 版 :1.15), 最佳质量，杰作，一个女孩，萝莉，白发，充满细节的脸，裙子，百褶裙，赛博朋克风格的城市，丰富多彩，霓虹灯光，云朵，星星，充满细节的天空，夜晚，最佳阴影。

以上正面提示词案例的大致含义如下。

- 在极高的画质下画一个有彩色头发的少女，她被彩色气泡环绕。

- 在极高的画质下画一个有粉色头发且穿着外套和短裙的少女，身边有蝴蝶飞舞。

- 用画像素画的方式画一个有白色头发的少女，背景为城市的废墟。

- 在极高的画质下画一幅客厅效果图。

- 用 Q 版的方式画一个有白色头发的少女，背景为赛博朋克风格的城市。

这些正面提示词案例均可搭配不同的底模型使用，对参数和负面提示词按需填写即可。如果想生成高质量的图片，就需要反复调试，希望大家多练习。

第3章

Embedding
模型训练——角色训练

从本章开始，我们将学习 Stable Diffusion 中各种模型的训练方式。我们首先需要了解什么是 AI 训练。

3.1 什么是 AI 训练

AI 训练指通过对大量数据集进行处理与分析，使机器具备从数据中学到某种知识或技能的能力，涉及数据预处理、特征工程、模型构建、训练与优化等。在该过程中，通过优化算法和参数，并且对训练后的 AI 模型进行验证和测试，就可以在实际应用中解决各种问题。

AI 训练目前的主要应用领域如下。

- 图像识别：假设我们要训练一个 AI 模型识别猫狗图片，则首先需要大量的猫狗图片作为训练数据。在预处理阶段，我们可能需要对图片进行压缩、裁剪等操作。然后利用特征提取算法提取图片中的重要特征。接着建立一个合适的模型，并根据训练数据对模型进行优化。最后通过测试数据验证训练效果。在训练完成后，这个 AI 模型便可识别新的猫狗图片。

- 语音助手：以智能语音助手如 Siri 为例，为了让其能够理解和回应用户的问题，在训练过程中，系统首先需要处理大量的不同用户的语音指令，分析其内容和语境。然后选取适当的算法和模型，使其具备理解和回应用户指令的能力。经过不断迭代和优化，AI 模型能更好地理解各种口音、语言和语境，并提供相应的反馈。

- 推荐系统：训练过程包括数据预处理（相关数据如用户的观影记录、评分等）、特征工程（提取有关电影的数据，如类型、导演等），并建立模型来预测用户可能喜欢的内容。根据用户的互动、反馈和评分等，推荐系统可以不断调整和优化模型参数。在训练完成后，推荐系统能为用户提供更贴切的内容推荐。

3.2 Embedding 模型训练概述

Embedding 模型通过文本描述来训练模型，可将文本描述转换为对应的图像。通俗地讲，我们可以认为 Embedding 模型打包了一系列提示词，这些提示词可被嵌入我们的提示词中。

举个例子，假如我们的底模型"不会画猫"，那么我们首先需要准备一些猫的图片，然后把这些图片交给底模型"学习"。在底模型"学习"完成后，关于猫的一系列提示词就会被打包并生成一个 Embedding 模型（后缀为 pt）。接下来我们只需把这个 Embedding 模型嵌入我们的提示词中，底模型就能"学会"画猫了。

Embedding 模型的优点如下。

- 生成的模型非常小（50KB 左右）。

- 在使用时不需要加载或切换模型，仅需在提示词中写入模型的文件名即可。

- 生成的 Embedding 模型会被作为训练记录保存下来，并且可以被覆盖，然后继续训练。

- 操作简单，适合新手。

Embedding 模型的缺点如下。

- 对硬件要求较高（需要 12GB 显存）。

- 训练比较耗时。

建议新手使用 Embedding 模型训练角色模型，但目前 Embedding 模型已逐渐被 Dreambooth 插件和 LoRA 模型取代，现在的 Embedding 模型基本上只用于做负嵌入。后面会讲解 Embedding 模型的训练流程和技巧。

3.3 基础设置

在设置界面进行以下基础设置。

（1）在反推提示词选项界面取消勾选"反推：deepbooru 按字母顺序排序"选项，如图 3-1 所示。

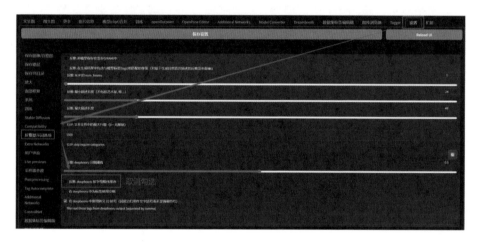

图 3-1

（2）将"反推：deepbooru 分数阈值"参数的值调整到 0.75。这个参数的值越大，角色被过滤掉的细节就越多，在一般情况下将其填写为 0.75 即可，如图 3-2 所示。

（3）在训练界面勾选"训练时将 VAE 和 CLIP 从显存 (VRAM) 移放到内存 (RAM) 如果可行的话，节省显存 (VRAM)"，如图 3-3 所示。

（4）在底模型存储路径"D:\stable-diffusion-webui\models\Stable-diffusion"下放入 Stable Diffusion 1.5 大小约为 7GB 的模型，并且不要存储其他底模型，如图 3-4 所示。

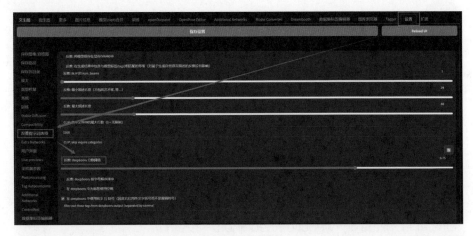

图 3-2

图 3-3

图 3-4

创建 Embedding 模型

如图 3-5 所示，依次单击"训练""生成 embedding"选项卡，在"名称"一栏填写一个自定义的单词作为 Embedding 模型的名称。注意，这个单词一定要非常特殊，不要与常见的单词重复，如图 3-5 所示填写的是"ha_test"。对于"初始化文字"一栏，要根据角色的分类来填写，如果训练的是女性角色，就填写"1girl"。对于"每个 token 的向量数"一栏，推荐填写 6。之后单击下方的"生成 embedding"按钮即可。此时被创建的 Embedding 模型会出现在"D:\stable-diffusion-webui\embeddings"路径下。

图 3-5

3.5 准备数据集

数据集指训练用的图片素材，本节进行数据集的准备工作。

3.5.1 对数据集的基本要求

在 Emdedding 模型创建完成后，我们接下来需要准备数据集。数据集需要满足以下 5 点要求。

（1）图片素材必须是正方形，而且宽和高都必须是 64 的倍数，推荐使用分辨率为 512×512 的图片素材。

（2）图片素材背景要简洁，不能太杂乱。

（3）在图片素材中不能有文字或符号。

（4）图片素材的画风尽量统一。

（5）至少需要 30 张图片素材，推荐 50～70 张。

3.5.2　图像预处理

在将数据集准备完成后，我们接下来按以下步骤运行图像预处理任务。

（1）在 Stable Diffusion 的根目录（D:\stable-diffusion-webui）下创建一个 train 文件夹，如图 3-6 所示。

（2）在 train 文件夹中再创建一个文件夹，以刚才创建的 Embedding 模型的文件名命名，例如在图 3-7 中以"ha_test"命名。

（3）在 ha_test 文件夹中再创建两个文件夹，将其分别命名为"ha_test_in"和"ha_test_out"。ha_test_in 文件夹用于存储原始的图片素材，ha_test_out 文件夹用于存储经过图像预处理的图片素材，如图 3-8 所示。ha_test_in 文件夹的完整路径为"D:\stable-diffusion-webui\train\ha_test\ha_test_in"，ha_test_out 文件夹的完整路径为"D:\stable-diffusion-webui\train\ha_test\ha_test_out"。我们将准备好的图片素材全部存储在 ha_test_in 文件夹中。

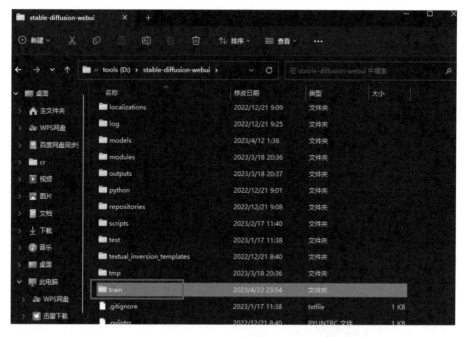

图 3-6

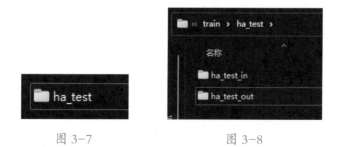

图 3-7　　　　　　　　　　　　图 3-8

（4）依次单击"训练""图像预处理"选项卡，来到图像预处理界面。在"源目录"一栏输入原始图片素材的存储路径"D:\stable-diffusion-webui\train\ha_test\ha_test_in"，在"目标目录"一栏输入经过图像预处理的图片素材的输出路径"D:\stable-diffusion-webui\train\ha_test\ha_test_out"，将"宽度"和"高度"都填写为 512，并勾选下方的"生成镜像副本"和"使用 BLIP 生成说明文字（自然语言描述）"。之后单击右下角的"预处理"按钮，即可运行图像预处理任务，如图 3-9 所示。

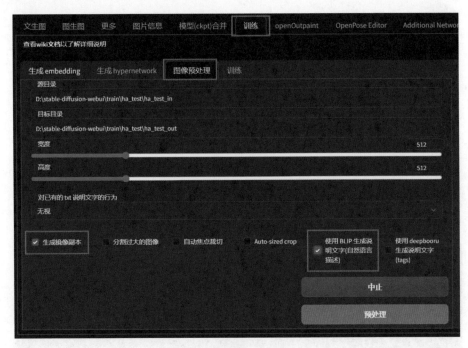

图 3-9

（5）在图像预处理任务运行完成后，在目标目录"D:\stable-diffusion-webui\train\ha_test\ha_test_out"下会生成对应的文本文档，如图 3-10 所示。

PNG 00000-0-00.png	2022/12/2 14:52	PNG 图片文件	266 KB
00000-0-00.txt	2022/12/2 14:52	文本文档	1 KB
PNG 00000-1-00.png	2022/12/2 14:52	PNG 图片文件	265 KB
00000-1-00.txt	2022/12/2 14:52	文本文档	1 KB
PNG 00001-0-01.png	2022/12/2 14:52	PNG 图片文件	272 KB
00001-0-01.txt	2022/12/2 14:52	文本文档	1 KB
PNG 00001-1-01.png	2022/12/2 14:52	PNG 图片文件	273 KB
00001-1-01.txt	2022/12/2 14:52	文本文档	1 KB
PNG 00002-0-010.png	2022/12/2 14:52	PNG 图片文件	264 KB
00002-0-010.txt	2022/12/2 14:52	文本文档	1 KB
PNG 00002-1-010.png	2022/12/2 14:53	PNG 图片文件	265 KB
00002-1-010.txt	2022/12/2 14:53	文本文档	1 KB
PNG 00003-0-011.png	2022/12/2 14:53	PNG 图片文件	326 KB

图 3-10

3.6 开始训练

在数据集准备完成后，请先仔细检查数据集，确认无误后再开始训练。

3.6.1 训练参数详解

首先在"Embedding"下拉框中选择刚才创建好的 Embedding 模型"ha_test"。然后在"Prompt template"下拉框中选择"subject_filewords.txt"，将"宽度"和"高度"都设置为 512 即可，如图 3-11 所示。

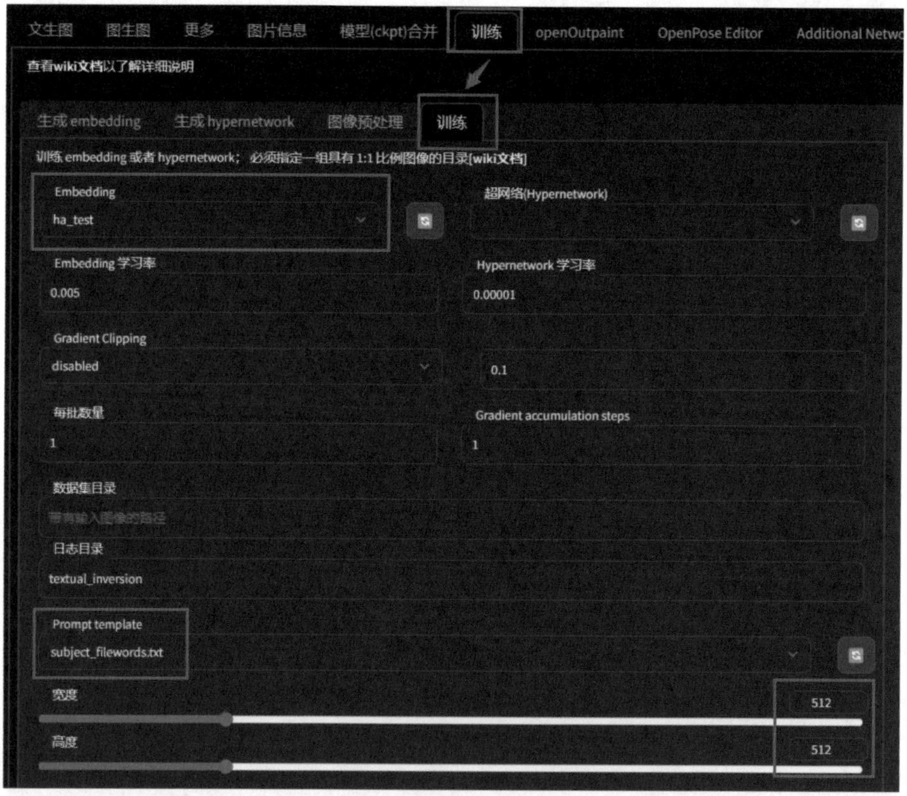

图 3-11

这里详细介绍参数"学习率"。学习率指在使用 Embedding 模型训练神经网络时，每次更新模型参数所使用的步长大小。如果学习率过低，则模型在训练过程中可能需要更多的时间才能收敛；如果学习率过高，则模型在训练过程中可能发生震荡或者无法收敛。因此，选择合适的学习率非常重要，合适的学习率可以帮助模型更快地收敛。我们通常通过实验和调整来找到最合适的学习率。

在 Stable Diffusion 中训练 Embedding 模型时，学习率的设置取决于我们的数据集和模型的复杂度。如果我们的数据集非常大或者模型非常复杂，则可能需要使用较低的学习率，以免模型发生过拟合或者梯度爆炸的情况。另外，如果我们的数据集比较小或者模型比较简单，则可以使用较高的学习率，以便模型更快地收敛。

在设置学习率时，我们可以尝试以下策略。

（1）一开始时先使用较高的学习率，例如0.001或0.01，然后观察训练过程和效果。如果训练过程稳定并收敛，则可以考虑逐步提高学习率以加快训练速度，反之则需要使用学习率衰减策略。随着训练的进行，降低学习率可能有助于更好地优化模型的性能。对于新手，将学习率保持其默认值0.005即可，如图3-11所示。新手在有了一定的训练经验后，也可以在训练过程中改变学习率，例如0.005:100、0.001:1000、0.000 01:1001+，即在训练过程中，在前100步使用0.005的学习率进行训练，在第101步～1000步使用0.001的学习率进行训练，在第1001步以后使用0.000 01的学习率进行训练。

（2）如图 3-12 所示，将最大训练步数设为 10000 步。如果步数不够，则可以继续加，但是 10000 步一般就够用了。注意，训练步数不是越多越好，步数过多反而会起到反作用。我们将保存步数设为 500，这表示在训练过程中每过 500 步，系统就会为我们保存一个模型作为训练记录，这样我们在测试时就可以从训练记录中挑选出性能最好的模型了。

（3）在所有参数都填写完成后，单击"训练 Embedding"按钮即可开始训练。训练过程相对漫长，耗时约一到两个小时，需要我们耐心等待。

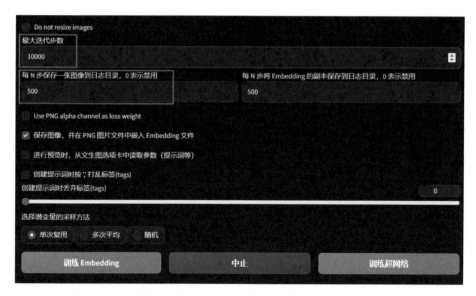

图 3-12

3.6.2　模型测试

训练完成后，模型的文件名"ha_test"就可以作为一个提示词来使用了。我们只需在提示词中加入该模型的文件名"ha_test"，即可测试该模型的性能。如果有耐心，则可将训练记录中的所有模型都测试一遍，挑选出性能最好的一个。训练记录的存储路径为"D:\stable-diffusion-webui\textual_inversion"。

3.7　本章小结

本章介绍了 Embedding 模型的概念、特点、训练流程和参数设置，其中学习率是最重要的参数。每个参数都会对训练结果会产生一定的影响，只有积累了大量训练经验，才能够准确设置各个参数，得到最好的训练效果。

第4章

Hypernetwork
模型训练——画风

4.1 Hypernetwork 模型训练概述

Hypernetwork（超网络）模型为神经网络架构。在 Stable Diffusion 中，Hypernetwork 模型用于动态生成分类器的参数，它为 Stable Diffusion 的底模型增加了随机性，减少了参数量。

Hypernetwork 模型的功能与 Embedding、LoRA 模型类似，都可有针对性地调整 Stable Diffusion 生成的图片。Hypernetwork 模型主要用于训练画风，目前已逐渐被 LoRA 模型取代。我们可以将 Hypernetwork 模型简单地理解为低配版的 LoRA 模型。

4.2 基础设置

在"设置"选项卡中修改以下 4 个选项。

（1）在"反推提示词（图生图页面）"界面取消勾选"deepbooru 反推结果按字母顺序排序（不推荐开启）"，如图 4-1 所示。

（2）将"deepbooru 最低置信度阈值（仅摘录高于此置信度的 tag)"参数调整到 0.7 左右。这个参数的值越大，角色被过滤掉的细节就越多。在一般情况下将其填写为 0.7 即可，如图 4-2 所示。

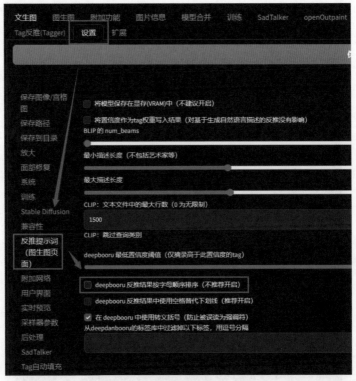

图 4-1

图 4-2

（3）在训练界面勾选"训练时将 VAE 和 CLIP 从显存 (VRAM) 移放到内存 (RAM) 如果可行的话，节省显存 (VRAM)"，如图 4-3 所示。

（4）在底模型的存储路径"D:\stable-diffusion-webui\models\Stable-diffusion"下放入 Stable Diffusion 1.5 大小约 4GB 的模型，并且不要存储其他底模型，如图 4-4 所示。

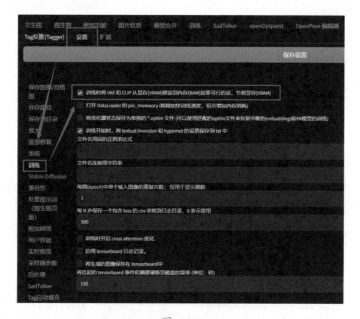

图 4-3

图 4-4

4.3 创建 Hypernetwork 模型

首先依次单击"训练""生成 hypernetwork"选项卡，在"名称"一栏输入一个自定义的单词作为 Hypernetwork 模型的名称，注意这个单词一定要非常特殊，不要与常见单词重复，例如这里填写的是"ha_test"。然后单击下面的"生成 hypernetwork"按钮即可，如图 4-5 所示。此时所创建的 Hypernetwork 模型会出现在"D:\stable-diffusion-webui\models\hypernetworks"路径下。

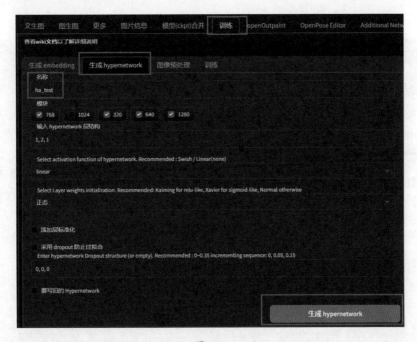

图 4-5

4.4 数据集处理规范

本节讲解数据集处理规范。

4.4.1　对数据集的基本要求

在 Hypernetwork 模型创建完成后，我们接下来需要准备数据集。对数据集的基本要求同 3.5.1 节。

4.4.2　图像预处理

在数据集准备完成后，我们按以下步骤运行图像预处理任务。

（1）在 Stable Diffusion 的根目录（D:\stable-diffusion-webui）下创建一个 train文件夹，如图 4-6 所示。

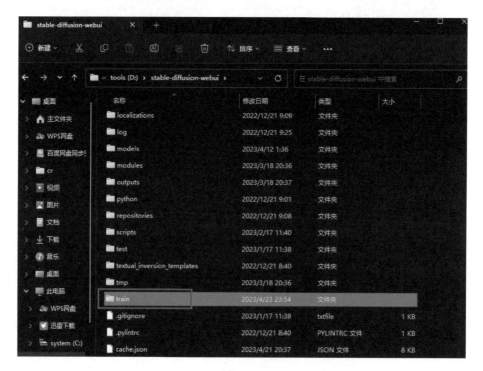

图 4-6

（2）在 train 文件夹中再创建一个文件夹，以刚才创建的 Embedding 模型的文件名命名，例如这里用"ha_test"命名，如图 4-7 所示。

图 4-7

（3）在 ha_test 文件夹中再创建两个文件夹，分别命名为"ha_test_in"和"ha_test_out"。ha_test_in 文件夹用于存储原始的图片素材，ha_test_out 文件夹用于存储经过图像预处理的图片素材，如图 4-8 所示。ha_test_in 文件夹的完整路径为"D:\stable-diffusion-webui\train\ha_test\ha_test_in"，ha_test_out 文件夹的完整路径为"D:\stable-diffusion-webui\train\ha_test\ha_test_out"。将准备好的图片素材全部存储在 ha_test_in 文件夹中。

图 4-8

（4）依次单击"训练""图像预处理"选项卡，来到图像预处理界面。首先在"源目录"一栏输入原始图片素材的存储路径"D:\stable-diffusion-webui\train\ha_test\ha_test_in"，然后在"目标目录"一栏输入经过图像预处理的图片素材的存储路径"D:\stable-diffusion-webui\train\ha_test\ha_test_out"，接着将"宽度"和"高度"都填写为512，再勾选下方的"生成镜像副本"和"使用deepbooru 生成说明文字(tags)"，最后单击右下角的"预处理"按钮，即可开始运行图像预处理任务，如图4-9所示。

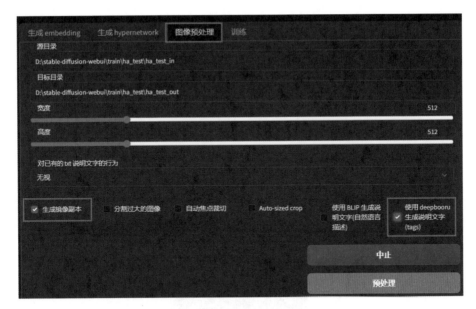

图 4-9

（5）在图像预处理任务运行完成后，在"D:\stable-diffusion-webui\train\ha_test\ha_test_out"路径下会生成对应的文本文档，如图 4-10 所示。

00000-0-00.png	2022/12/2 14:52	PNG 图片文件	266 KB
00000-0-00.txt	2022/12/2 14:52	文本文档	1 KB
00000-1-00.png	2022/12/2 14:52	PNG 图片文件	265 KB
00000-1-00.txt	2022/12/2 14:52	文本文档	1 KB
00001-0-01.png	2022/12/2 14:52	PNG 图片文件	272 KB
00001-0-01.txt	2022/12/2 14:52	文本文档	1 KB
00001-1-01.png	2022/12/2 14:52	PNG 图片文件	273 KB
00001-1-01.txt	2022/12/2 14:52	文本文档	1 KB
00002-0-010.png	2022/12/2 14:52	PNG 图片文件	264 KB
00002-0-010.txt	2022/12/2 14:52	文本文档	1 KB
00002-1-010.png	2022/12/2 14:53	PNG 图片文件	265 KB
00002-1-010.txt	2022/12/2 14:53	文本文档	1 KB
00003-0-011.png	2022/12/2 14:53	PNG 图片文件	326 KB

图 4-10

4.5 开始训练

在数据集准备完成后，请先仔细检查数据集，确认无误后再开始训练。

4.5.1 设置训练参数

首先在"超网络(Hypernetwork)"下拉框中选择刚才创建好的 Hypernetwork 模型"ha_test"，然后在"Prompt template"下拉框中选择"style_filewords.txt"，接着在"数据集目录"一栏填写经过图像预处理的图片素材的存储路径"D:\stable-diffusion-webui\train\ha_test\ha_test_out"，最后将"宽度"和"高度"都填写为512，如图 4-11 所示。

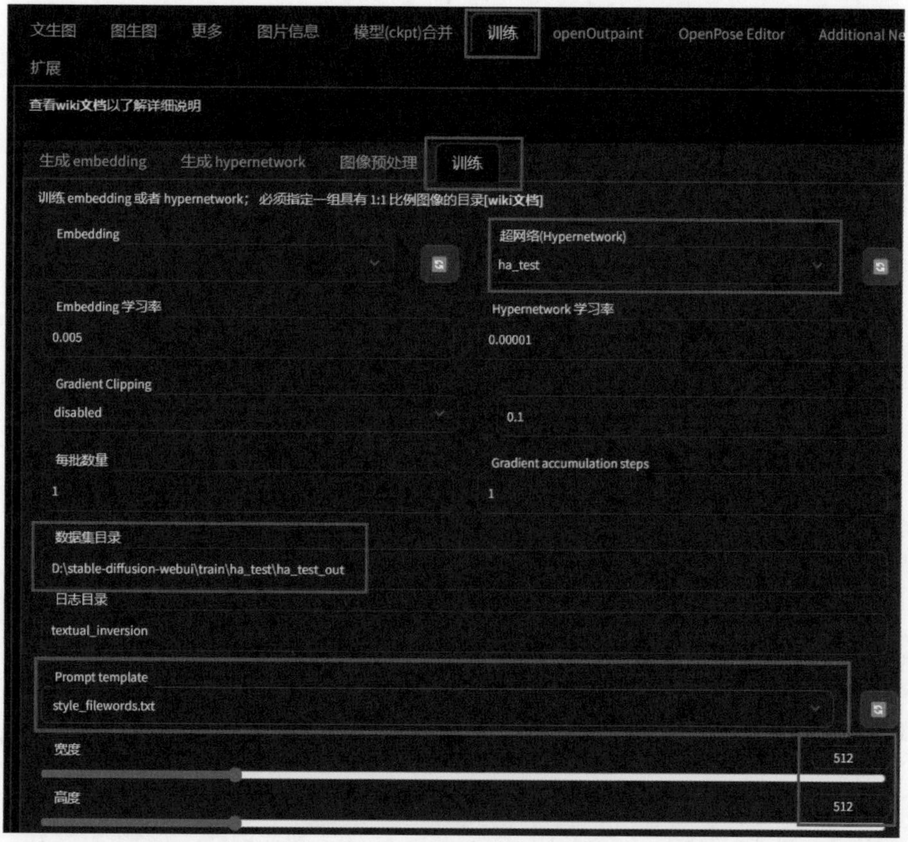

图 4-11

对其他参数的设置与训练 Embedding 模型时的类似，这里不再赘述。

4.5.2 模型测试

完成以上训练后，在提示词中加入"<hypernet:ha_test:1>"，即可测试模型的性能与效果。如果条件允许，则可以将训练记录中所有的模型都测试一遍，并挑选出测试效果最好的那个模型。训练记录的存储路径为"D:\stable-diffusion-webui\textual_inversion"。

4.6 本章小结

本章介绍了 Hypernetwork 模型的概念、特点、训练流程和参数设置。Hypernetwork 模型中的每个参数对训练结果都会产生一定的影响，其中学习率也是最重要的参数。不过值得注意的是，目前 Hypernetwork 模型已经逐渐被 Dreambooth 插件和 LoRA 模型取代。第 5 章会讲解如何使用 Dreambooth 插件训练大模型。

第5章

使用Dreambooth插件
训练大模型

5.1 准备工作

对数据集的基本要求、图片素材截取、图像预处理这几个步骤与 3.5 节一样，这里不再赘述。需要注意的是，如果训练的是人物角色，则在进行图像预处理时勾选"使用 BLIP 生成说明文字（自然语言描述）"，如图 5-1 所示。

图 5-1

如果训练的是画风或物件，则勾选"使用 deepbooru 生成说明文字(tags)"，如图 5-2 所示。

图 5-2

5.2 开始训练

在数据集准备完成后，请先仔细检查数据集，确认无误后再开始训练。

5.2.1 创建模型

首先单击标签栏的"Dreambooth"选项卡来到 Dreambooth 插件的训练界面。单击左侧的"Create"选项卡，在"名称"一栏输入模型名称"ha_test"，在"Source Checkpoint"下拉框中选择一个底模型，我们在一般情况下选择"sd1.5"原版模型，也可以按需选择其他模型。例如，在训练动漫角色时可以选择"anything4.5"或"NovelAI",在训练实物或者宠物时可以选择"chilloutmix"或"realdosmix"等写实风格的模型。选好底模型后,单击"Create Model"按钮开始创建模型,如图 5-3 所示。

图 5-3

如果在右侧的 Output 区域出现图 5-4 所示的界面,则表示模型创建成功。

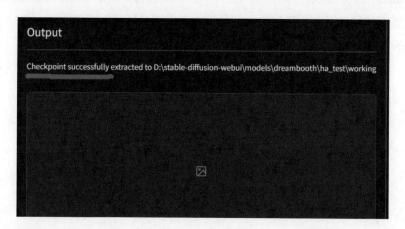

图 5-4

如图 5-5 所示,单击"Select"选项卡,在"Model"下拉框中选中我们刚才创建好的"ha_test"模型。

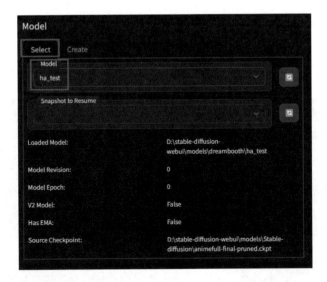

图 5-5

5.2.2　参数填写

如图5-6所示,在当前训练界面中间的Input区域单击"Concept1"选项卡,在"数据集目录"一栏填写经过图像预处理的图片素材的存储路径，例如，这里填写的是"D:\stable-diffusion-webui\train\ha_test\ha_test_out"。

图 5-6

"分类(Classification)数据集目录"是一个可选参数，如果有的话可以一并填写。例如，这里填写的是"D:\stable-diffusion-webui\train\ha_test\classification"。在分类数据集目录下存储的是分类图片素材，这些图片的内容与被训练对象分类相同但主体不同。例如，如果训练的是初音未来，那么在分类数据集目录下就应该存储其他动漫少女的图片素材，例如巡音；如果训练的是一只哈士奇，那么在分类数据集目录下就应该存储其他品种的大型犬，例如金毛、萨摩耶等。分类数据集目录可以起到防止过拟合的作用。

把当前训练界面往下拉，来到提示词书写区，如图 5-7 所示。

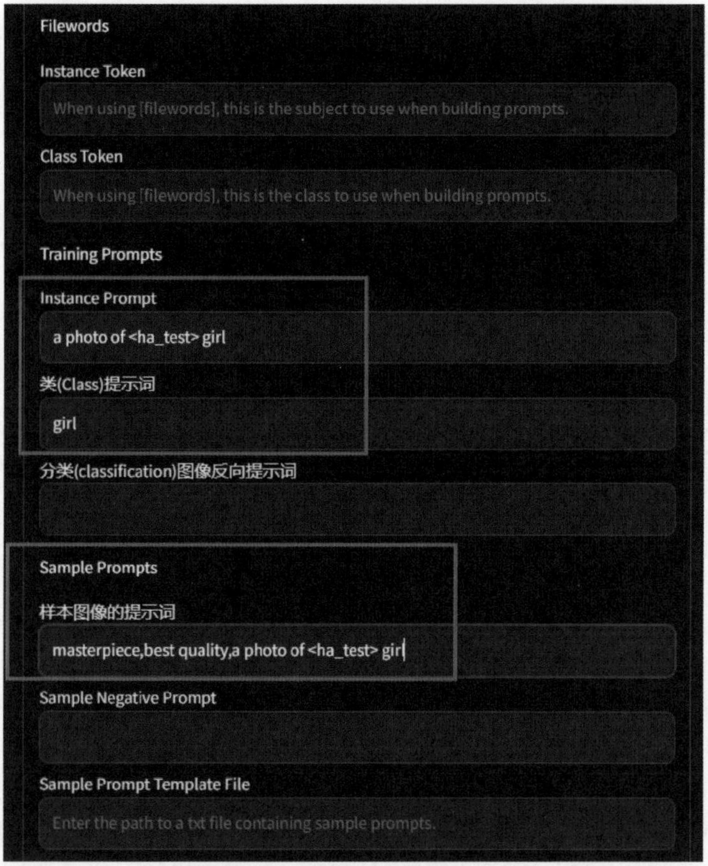

图 5-7

在"Instance Prompt"一栏填写一个提示词，我们应避免提示词与模型内置的单词重复，所以这里推荐填写一个较为复杂的自创单词。在"Instance Prompt"一栏需要根据训练对象自行按照以下格式填写。

- 如果训练的是角色模型，则可以填写"a photo of <xxx> girl"。

- 如果训练的是动物模型，则可以填写"a photo of <xxx> dog"。

- 如果训练的是物件模型，则可以填写"a photo of <xxx> cloth"。

- 如果训练的是画风模型，则可以填写"a photo of <xxx> painting style"。

其中，我们需要将"xxx"替换成一个自定义的单词，这个单词不能与常见的单词重复。末尾的 girl、dog、cloth 指被训练对象的类别，根据实际情况填写即可，例如"a photo of <ha_test> girl"。

在"类 (Class) 提示词"一栏填写最适合被训练对象的类别。例如，对于角色模型，可以根据角色的属性填写"girl""boy""women""man"等；对于物件模型，可以填写"bag""cloth"等；对于动物模型，可以填写"cat""dog"等；对于画风模型，可以填写"a photo of painting style"。

在"样本图像的提示词"一栏填写预览图片的正面提示词。为了保证预览效果较为客观，正面提示词不需要太复杂，填写"masterpiece,best quality"，再加上模型的提示词即可。同时，样本图像的提示词可用于观测模型在训练过程中的"理智程度"。因为模型训练过程属于纯黑盒类型，任何人都不知道模型在训练过程中究竟"学习"了什么，所以模型在训练过程中有时会"失去理智"，此时就会生成一些"古神图片"，如果在预览区发现了类似的异常现象，就可以直接停止训练。此时需要先调整数据集中的图片素材或参数，然后重新开始训练。对于该界面的其他参数，可不填写或保持其默认值。

在提示词填写完成后回到界面顶部，如果训练的是角色，就单击左边的"Training Wizard(Person)"按钮；如果训练的是画风或物件，就单击右边的"Training Wizard(Object/Style)"按钮，如图 5-8 所示。

图 5-8

单击"设置"选项卡，来到设置界面，这里如果勾选的是"Use LORA"选项，就会应用LoRA模型的算法进行训练，按需勾选即可，如图5-9所示。

图 5-9

在"Training Steps Per Image(Epochs)"一栏填写学习每张图片素材的次数，一般填写100～150即可。例如，这里填写的是100，代表对每张图片都会学习100次，如图5-10所示。

在"Pause After N Epochs"一栏填写每隔多少个Epoch会暂停训练，一般填写0即可，如图5-10所示，无须暂停。但如果我们的设备散热情况不太理想，则可以考虑填写该参数，在训练暂停时可以让设备休息并散热。

在"Amount of time to pause between Epochs(s)"一栏填写暂停时间，单位是秒，一般填写0即可，如图5-10所示。如果填写了上面的"Pause After N Epochs"系数，则可以根据设备的散热情况按需增加暂停时间。

在"Save Model Frequency(Epochs)"一栏填写每间隔多少个Epoch保存一次训练记录，填写此参数后就会保存训练记录，我们在训练完成时可以从训练记录中挑选性能最好的模型，这样可以提高训练的成功率。建议将其填写为"Training Steps Per Image(Epochs)"参数值的四分之一，例如，这里填写的是25，如图5-10所示。注意，这里保存的训练记录的体积会比较大，需要预留充足的硬盘空间（至少20GB）。

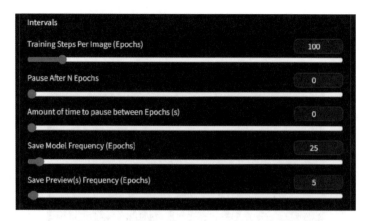

图 5-10

　　在"每批数量 (Batch Size)"一栏填写机器学习在训练过程中每次传递给模型的数据样本数。较大的批次意味着将同时处理更多的样本,并且会占用更多的显存。较小的批次意味着可能会增加训练模型所需的总步数。例如,在该处填写 1 时,训练模型一次只会学习一张图片;在该处填写 2 时,训练模型一次会学习两张图片,以此类推。推荐个人用户填写 1,如图 5-11 所示。对于其他参数,保持其默认值即可。

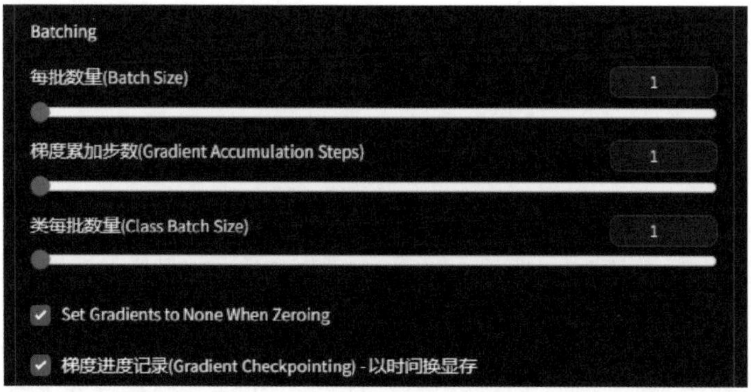

图 5-11

　　在使用 Dreambooth 插件训练大模型的过程中,学习率同样是一个非常重要的参数。在深度学习领域,我们的目标是最小化损失函数(即衡量模型预测结果与实际结果差距的指标)。学习率决定了损失函数梯度下降方向上的步长大小,合适的学习率能帮助模型更快地收敛。

选择合适的学习率对于模型训练非常关键。过高的学习率使得训练过程耗时过长，并可能导致模型无法收敛或波动幅度大。在 Dreambooth 插件的训练过程中，建议将学习率设置为 0.000 001 75～0.000 006。在训练画风、妆容等泛化的概念时，可以填写较高的学习率；在训练人物角色时，可以填写较低的学习率。不过填写学习率时没有固定的值，需要根据具体情况进行具体分析和反复实践。

随着训练的进行，我们可以通过逐渐降低学习率来冲破局部最优的陷阱，适应不同阶段的训练需求。常用的学习率调度方法有预设的阶梯式衰减、指数衰减、余弦退火等。在"学习率调度器 (Scheduler)"下拉框中推荐选择"cosine_annealing_with_restarts"；对于"Min Learning Rate"，保持其默认值即可，如图 5-12 所示。

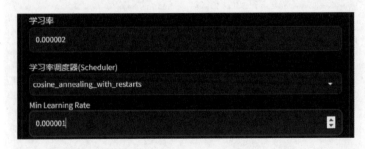

图 5-12

推荐在"Optimizer"下拉框中选择"Lion"；在"混合精度"下拉框中可勾选"fp16"；在"内存注意"下拉框中可勾选"xformers"，否则会消耗更大的显存，如图 5-13 所示。对于其他参数，保持其默认值即可。

图 5-13

对于"Clip Skip"参数，在训练实物、动物、真人、建筑或写实的画风时将其填写为 1，如图 5-14 所示，在训练动漫人物或画风时将其填写为 2。对于其他参数，保持其默认值即可。

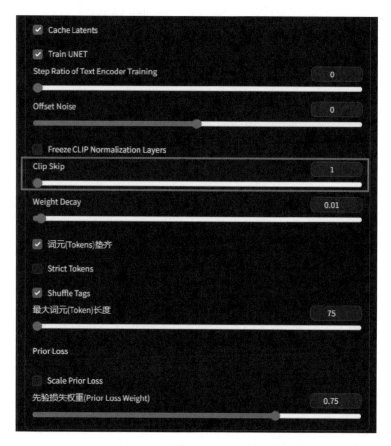

图 5-14

在 Saving 选项卡中勾选红框中的四个选项，这样才能在训练过程中随时保存训练记录，在训练完成后就有多个模型可供挑选，提高训练成功率，如图 5-15 所示。

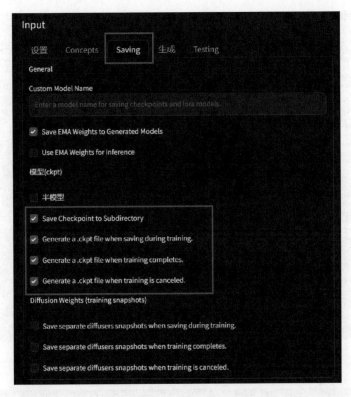

图 5-15

返回界面顶部，单击"训练"按钮，如图 5-16 所示。

图 5-16

我们可以在控制台看到训练进度，如图 5-17 所示。还可以在界面右侧看到在训练过程中生成的预览图，如图 5-18 所示。

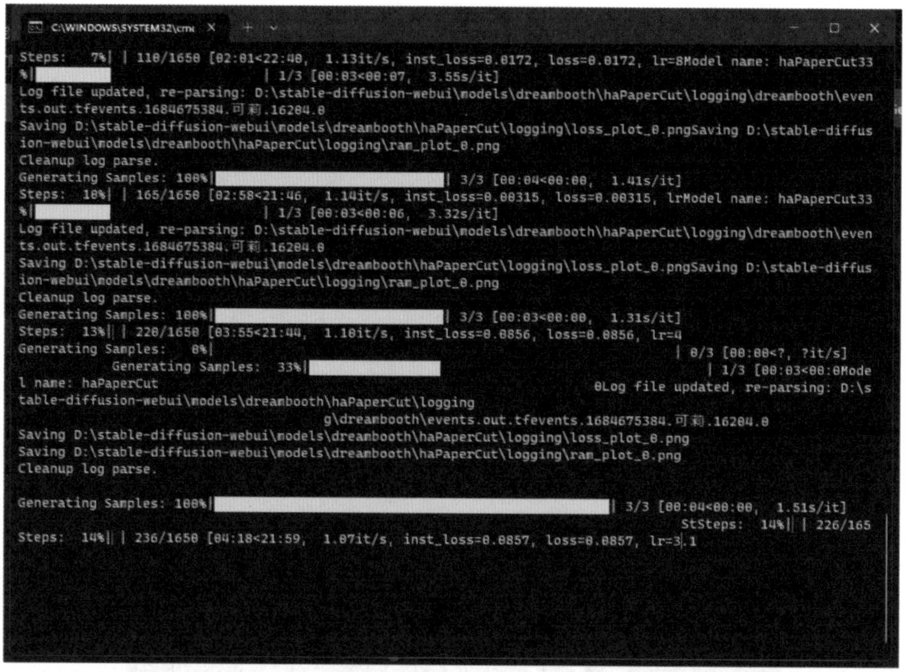

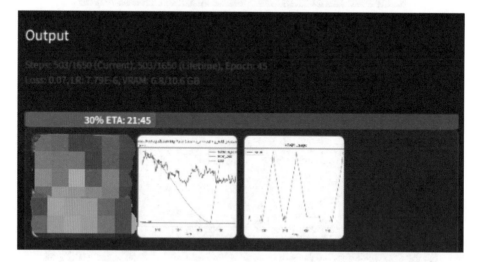

图 5-17

图 5-18

训练过程大约持续半小时，请耐心等待。在训练完成后需要单击"Generate Ckpt"按钮，如图5-19所示。

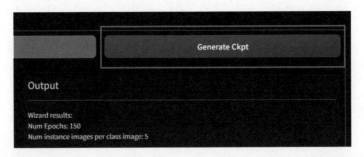

图 5-19

回到文生图界面，单击蓝色的刷新按钮，在"模型选择"下拉框中就能看到训练好的模型了（包括训练记录）。此时需要依次测试每个模型的性能，挑选性能最好的模型，如图 5-20 所示。

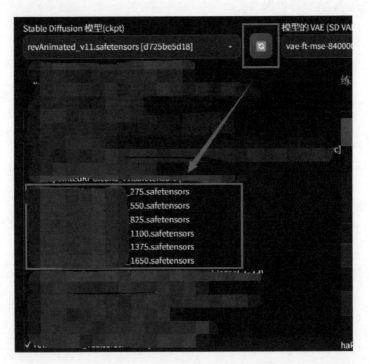

图 5-20

5.3　本章小结

　　本章介绍了 Dreambooth 插件的训练流程和参数设置。只有积累了大量训练经验，才能准确地设置各项参数，并且得到最好的训练结果，这需要读者多加练习。这里推荐大家使用 Dreambooth 插件训练一些泛化的内容，例如画风、妆容、光影等。

　　使用 Dreambooth 插件训练大模型时，官方推荐的总步数为 1200 步，我们也可以根据实际情况修改总步数。另外，在训练大模型时需要高端显卡，推荐使用有 24GB 显存的显卡。

第6章

LoRA模型训练——
微调训练

6.1　准备工作

准备工作如下。

（1）在计算机上安装 Python。我们可以在 Python 官网自行下载 Python 的安装包，这里推荐下载 3.10.9 版本。在安装 Python 时请勾选 "Add python.exe to PATH"，如图 6-1 所示。

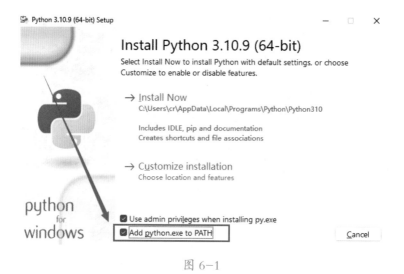

图 6-1

（2）在安装完成后使用快捷键 "Win + R" 调出运行窗口，输入 "cmd" 后单击 "确定" 按钮调出命令行，如图 6-2 所示。

图 6-2

（3）在命令行中输入"Python"，单击 Enter 键，如果显示 Python 版本号，则说明安装成功，如图 6-3 所示。

图 6-3

（4）为计算机分配虚拟内存。先用鼠标右键单击"此电脑"图标，然后在弹出的右键快捷菜单中单击"属性"菜单，如图 6-4 所示。

图 6-4

（5）单击"高级系统设置"菜单，如图 6-5 所示。

图 6-5

（6）在弹出的系统属性界面先单击"高级"选项卡，然后单击"设置(S)…"
按钮，如图6-6所示。

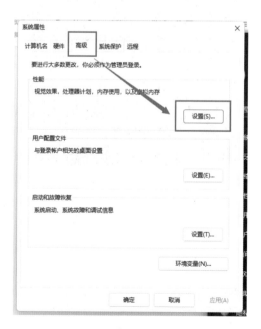

图 6-6

（7）在性能选项界面继续单击"高级"选项卡，然后单击"更改（C）…"按钮，如图 6-7 所示。

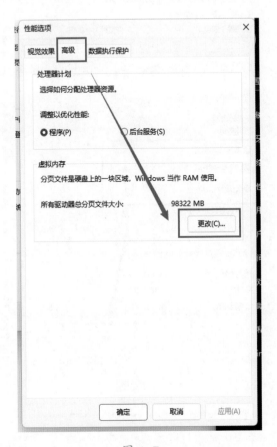

图 6-7

（8）在虚拟内存界面选定一个磁盘，例如这里选择的是 E 盘。输入要分配的虚拟内存数值，推荐分配 60GB～80GB。之后单击"确定"按钮重启计算机即可，如图 6-8 所示。

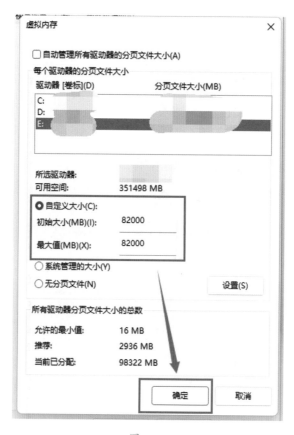

图 6-8

6.2 对数据集的基本要求

对数据集的基本要求如下。

- 图片数量：至少提供 15 张图片，推荐 70 张左右。注意，在数据集图片数量较少的情况下也可以正常训练 LoRA 模型。

- 图片分辨率：对于中低端显卡，推荐采用 512×512 分辨率；对于高端显卡，推荐采用 768×768 分辨率。也可以采用 512×768、768×512 等分辨率。注意，无论采用什么分辨率的图片素材，都必须保证图片素材的质量，因为低质量的图片素材会严重影响训练结果。另外，将图片分辨率最高设置为 768×768 即可，继续提高分辨率，优化效果并不明显。

- 图片比例分配：对于图片素材，建议按照 45% 左右的面部特写、45% 左右的半身照和 10% 左右的全身照的图片比例进行分配。

- 角度和光照要求：要求从各个角度拍摄或截取所有图片素材，但是俯拍图片尽量少放。并且要注意在不同的光照环境下拍摄或截取图片。

- 画风要求：如果训练的是角色，则图片素材的画风不要太统一，要求画风多变，否则可能导致画风固化或过拟合；如果训练的是画风，则需要图片素材的画风统一。

- 其他要求：如果训练的角色是动漫人物，则可以放入 2~3 张 Q 版的图片素材。

6.3 图像预处理

图像预处理步骤如下。

（1）在 LoRA 模型训练包 kohya_ss 根目录下创建一个 train 文件夹，如图 6-9 所示。

（2）双击进入 train 文件夹，再新建一个文件夹，使用我们训练的角色或画风来命名该文件夹。例如，这里使用"ha_test"命名该文件夹，如图 6-10 所示。

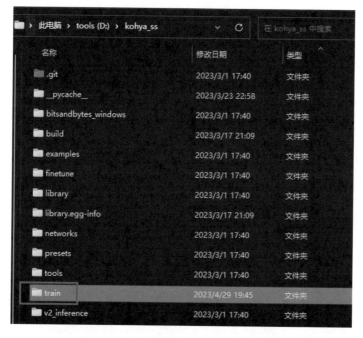

图 6-9

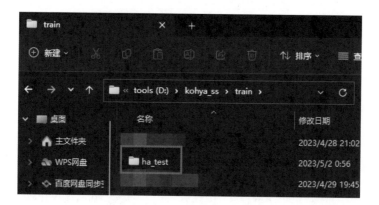

图 6-10

（3）双击进入 ha_test 文件夹，继续创建三个文件夹，将其分别命名为"image""log"和"model"，如图 6-11 所示。

图 6-11

（4）双击进入 image 文件夹，继续创建一个 7_ha_test 文件夹。注意，该文件夹有严格的命名规范，必须按照"数字 + 下画线 + 英文单词"的格式命名。数字代表的是 repeat 值，repeat 值代表的是每张图片在当前 Epoch 中循环的次数；后面的英文单词是自定义的单词，用于表示训练的角色名称或画风名称。最后把所有图片素材都复制到 7_ha_test 文件夹中即可，如图 6-12 所示。

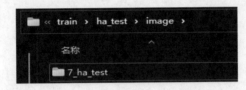

图 6-12

（5）如果想追求更好的训练效果，则可以对图片素材进行更细化的分类。这里的每个分类都被称为一个"concept"。举个例子，在训练动漫或游戏角色时，该角色往往有多个皮肤。每个皮肤的图片素材都可被放入单独的文件夹。另外，所有大头照素材都可被放入单独的文件夹，如图 6-13 所示，其中 7_ha_test1 文件夹存储的是皮肤 1，7_ha_test2 文件夹存储的是皮肤 2，7_ha_test3 文件夹存储的是皮肤 3，7_ha_test_head 文件夹存储的是大头照。

图 6-13

（6）在每个文件夹中存储的图片数量差距不能太大，如果图片数量差距较大，则需要调整 repeat 的值，保证每个文件夹的 repeat 乘以图片数量的值差距不要太大。分类的步骤不是必需的，新手可跳过这一步，把所有图片素材都放在同一个文件夹中即可。

（7）在以上步骤完成后，单击"Tagger"菜单来到 Tagger 界面。对于 Tagger,需要下载并安装该插件(可以通过本书封底的"读者服务"获取安装包)。单击"Batch from directory"选项卡，把图片素材的存储路径填写到输入目录和输出目录，例如这里填写的都是"D:\kohya_ss\train\ha_test\image\7_ ha_test"，如图 6-14 所示。

图 6-14

（8）把 Tagger 界面拉到底部，首先将"Threshold"参数的值设置为 0.3，然后单击上面的"Interrogate"按钮，即可开始运行图像预处理任务，如图 6-15 所示。首次运行会比较耗时，请耐心等待。

（9）在图像预处理任务运行完成后，可以看到在图片素材的存储路径下自动为每张图片都生成了一个文本文档，如图 6-16 所示。

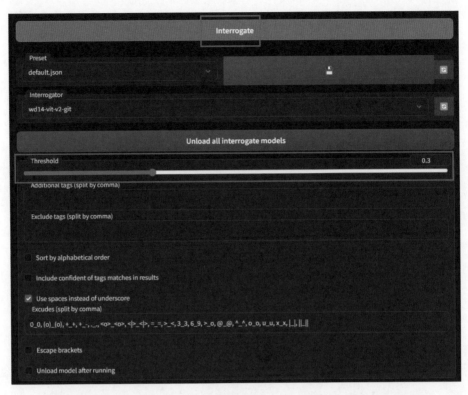

图 6-15

图 6-16

如果图片素材被分为多个文件夹进行存储，则对每个文件夹都需要执行相同的操作。

6.4 数据标注

数据标注，通常也叫作数据标记或打标，是构建机器学习系统的一个关键环节。在训练模型之前，我们需要先对大量图像进行标注，以便模型在训练过程中学习到准确的画风和角色特征，从而在执行实际任务时表现出良好的效果。

数据标注的原理：为每张待训练的图像都赋予合适的标签。在进行数据标注时可以通过人工方法，对不同类型的内容贴标签。这些标签将起导航作用，指引 LoRA 模型按照正确的方向来学习并对其效果进行检验，从而找到最合适的方法来完成训练。

数据标注可分为两大类：人工标注和半自动标注。

- 人工标注：指人为地为图像加上有代表性的标签，用于描述图像的具体内容。这一过程既有规范性，又有主观性。进行人为标注，需要参与者具备一定的领域知识，以便对图像进行准确分类和标记。

- 半自动标注：指结合模型预测的结果和人工审核的方式进行标注。模型预先提取图像特征，并提供标签建议。专业人员之后对预测的结果进行审核或补充调整，以达到更高的准确性。

这里使用半自动标注的方式，在上面的图像预处理任务中生成的文本文档包含了当前图片的所有 tag，我们需要手动删除每个文本文档中的一部分 tag。因为在 LoRA 模型的训练过程中，被删除的 tag 会被寄存到触发词（trigger words）中，所以被删除的 tag 反而会被模型牢牢地"记住"。打标操作能让我们的模型更加精准。

如图 6-17 所示是一个打标案例，其中蓝色部分为触发词，可以通过"keep tokens"参数设定，因为这里需要把触发词设为前三个单词，所以在训练时要将"keep tokens"参数填写为 3；红色部分为人物特征，在绝大多数情况下都推荐将其删除；绿色部分为服装特征，这个可以按需删除，但是推荐保留，因为角色模型在大部分情况下都有更换衣服的操作；剩下的黑色部分是环境、姿势、表情等参数，不能删除。

- 蓝色：触发词，通过"keep tokens"参数设定。

- 红色：人物特征，推荐将其删除。

- 绿色：服装饰品，按需将其删除，如需换衣服，就保留。

- 黑色：动作背景等，绝对不能将其删除。

1girl, ha_test, solo, pantyhose, purple hair, hair bun, gloves, twintails, purple eyes, cone hair bun, long hair, hair ornament, outdoors, earrings, looking at viewer, jewelry, detached sleeves, dress, frills, bangs, choker, black pantyhose, bare shoulders, breasts, cloud, sky, double bun, frilled skirt, standing, skirt, wide sleeves, closed mouth, frilled sleeves, brown pantyhose, braid, cloudy sky, hand on own chest, flower, frilled dress, black gloves

图 6-17

图 6-17 中的提示词翻译：一个女孩，模型名称，单人，连裤袜，紫色头发，发髻，手套，双马尾，紫色眼睛，圆锥型发髻，长发，发饰，户外，耳环，看着观众，珠宝，袖子，裙子，褶皱，刘海，项圈，黑色连裤袜，外露的肩膀，胸部，云彩，天空，双髻发型，褶皱裙子，站立，短裙，宽袖子，闭嘴，褶皱袖子，棕色连裤袜，辫子，多云天空，手放胸前，花朵，褶皱裙子，黑色手套。

数据集标签编辑器可以帮助我们快速批量打标。我们需要下载并安装该插件。安装好该插件后，首先单击 Stable Diffusion 主界面上方的"数据集标签编辑器"选项卡，然后在"数据集目录"一栏输入图片素材的存储路径"D:\kohya_ss\train\ha_test\image\7_ha_test"，最后单击"载入"按钮，即可读取全部图片素材和文本文档，如图 6-18 所示。

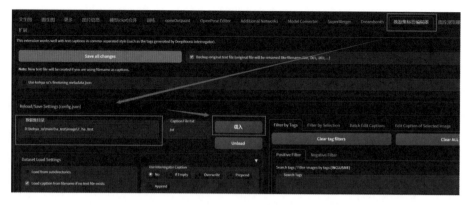

图 6-18

首先在Stable Diffusion主界面的右边单击"Batch Edit Captions"选项卡，然后单击"Remove"选项卡，并且勾选下面的"Frequency"和"Descending"（按频率降序排序）选项，如图6-19所示。

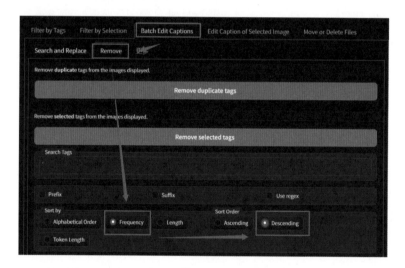

图 6-19

接着把界面往下拉，在这个区域勾选需要删除的 tag，例如这里删掉了面部与头发相关的 tag，如图 6-20 所示。

图 6-20

在勾选tag完成后回到界面顶部，首先单击"Remove selected tags"按钮，然后单击"Save all changes"按钮即可生效，如图 6-21 所示。

图 6-21

注意，最后检查一下所有文本文档，保证每个文本文档最前面的三个单词都是"ha_test,1girl,solo"这样的形式，因为这三个单词要作为触发词使用。如果不是，则需要手动修改或补全。

6.5　训练参数详解

　　首先启动 LoRA 模型的训练界面，依次单击"Dreambooth LoRA"和
"Source model(源模型)"选项卡。然后在下面的下拉框中选择底模型，在大
部分情况下推荐选择使用 sd1.5（即图中的 stable-diffusion-v1-5）作为底
模型，如图 6-22 所示。如果训练的是实物或宠物，则可以选择其他写实风格
的底模型，例如 chilloutmix。

图 6-22

　　在确定底模型后，单击"Folders(目录)"选项卡，分别指定图片目录、
输出目录和日志目录，如图 6-23 所示。

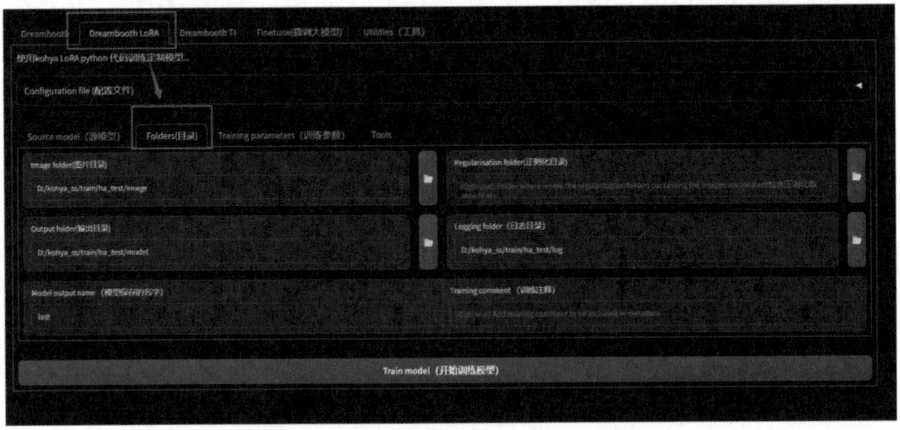

图 6-23

注意，在指定图片目录时，在如图 6-24 中所示的位置单击"选择文件夹"按钮即可。

图 6-24

单击"Training parameters（训练参数）"选项卡来到训练参数界面，如图 6-25 所示。

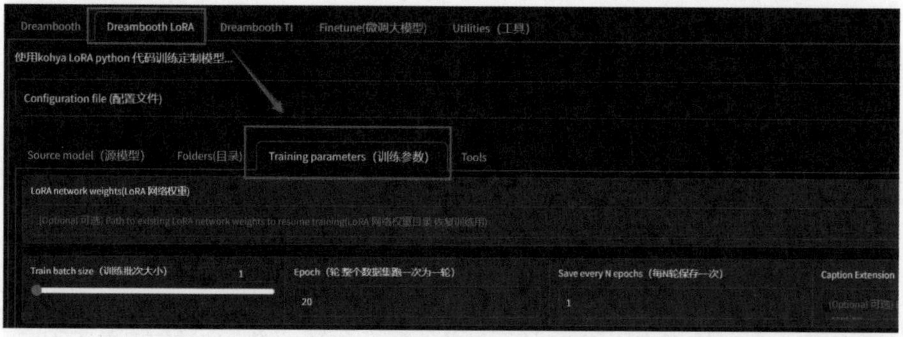

图 6-25

在填写训练参数之前，我们首先要学习一个公式，即"训练总步数 = repeat × number of images × epoch / batch size"。下面解释该公式中各参数的含义。

- epoch（时期）：把整个数据集遍历一次被称为一个 epoch。要完成模型训练，往往需要多个 epoch，但过多的 epoch 可能导致模型过拟合。通俗地讲，模型把所有图片都学习一遍，就叫作一个 epoch。

- repeat（单张图片的重复遍历次数）：在遍历一次数据集后，再遍历若干数据集的次数。通过多次遍历数据集，可以帮助模型更好地了解数据集的潜在结构。通俗地讲，repeat 指每张图片在当前 epoch 中的学习次数。存储图片素材的文件夹前面的数字就是 repeat 的值（注意，数字和文件夹名要用下画线连接），例如图 6-26 中的 repeat 值为 7。

图 6-26

- batch size（批次大小）：机器学习在训练过程中每次传递给模型的数据样本数。较大的批次意味着将同时处理更多的样本，并且会占用更多的显存。较小的批次意味着可能会增加训练模型所需的总步数。例如，当 batch size=1 时，训练模型一次只会学习一张图片；当 batch size=2 时，训练模型一次会学习两张图片，以此类推。

推荐按照以下方式填写以上 3 个参数。

- epoch：每运行完一个 epoch 就可以保存一次记录，所以推荐将 epoch 填写为 10~20，这样在训练完成后就有更多的模型可供选择，可以提高训练的成功率。

- repeat：推荐将 repeat 填写为 4~10。注意，这个参数的值并不固定，根据实际需要及图片的数量灵活填写即可。

- batch size：较大的 batch size 意味着训练速度更快，显存占用更大，需要更多的 epoch 模型才能收敛。较小的 batch size 意味着训练速度更慢，显存占用更小，但模型收敛得更快。在图片数量少于 20 张时，推荐将 batch size 填写为 1，一般推荐将其填写为 2~6。注意，将 batch size 填写为 6 以上的值时需要更高性能的显卡。另外，batch size 每翻一倍，学习率都要乘以 $\sqrt{2}$。

根据笔者的个人经验，在通常情况下，训练角色大约需要 1500 步，训练画风大约需要 3000 步，所以需要灵活安排以上几个参数，保证适当的步数并且在训练完成后有多个记录可供选择。

以下是对其他重点参数的详细解释。

- Save every N epochs（保存频率）：将其填写为 1 时，表示每跑完一个 epoch 就保存一次记录。建议将其填写为 1，这样在任务运行完成后就会有多个模型可供选择，可以提高训练的成功率。

- Mixed precision（混合精度训练）：主要用于提高计算效率和减少显存使用率。该参数通常能加快训练速度，同时保持良好的模型性能。对于该参数，推荐选择"fp16"。

- Save precision（保存精度）：较低的保存精度可以减少存储和磁盘空间需求，但可能降低模型性能。常用的保存精度有 16 位和 32 位浮点数。对于该参数，推荐选择"fp16"。

- Number of CPU threads per core（每个 CPU 核心上的线程数）：通过设置该参数，可以调整 CPU 资源利用率。较大的线程数可以提高计算效率，但也可能增加系统负担。对于该参数，保持其默认值即可。

- Learning rate（学习率）：较高的学习率可以加快训练速度，但可能导致模型无法收敛。反之，较低的学习率可能导致训练速度较慢。推荐在 batch size=1 时将其填写为 7e-5，batch size 每翻一倍，该参数都要乘以 $\sqrt{2}$。

- Text Encoder learning rate（文本编码器的学习率）：是一种单独的学习率，针对处理文本的编码器部分进行权重更新。推荐在 batch size=1 时将其填写为 8e-6，batch size 每翻一倍，该参数都要乘以$\sqrt{2}$。

- Unet learning rate（Unet 学习率）：是一种单独的学习率，针对 Unet 神经网络（通常用于图像处理中的语义分割等任务）进行权重更新。推荐在 batch size=1 时将其填写为 7e-5，batch size 每翻一倍，该参数都要乘以$\sqrt{2}$。

- LR Scheduler（学习率调度器）：是在训练过程中动态调整学习率的方法。对于该参数，推荐选择"cosine_with_restarts"，它会使学习率从高到低下降，变化速度先慢后快再慢。

- LR warmup（学习率热身）：让学习率在一定的迭代次数内从较低的值线性递增至预设的初始学习率。设置该参数有助于模型在早期阶段稳定地更新权重。按默认值填写该参数即可。

- Optimizer（优化器）：用于更新模型权重的算法。常见的优化器有 SGD（随机梯度下降）、Adam 等。对于该参数，推荐选择"Lion"。如果显存较小，则推荐选择"AdamW8bit"。

- Network Rank Dimension（特征维度）：复杂度越高的数据集往往需要更大的特征维度，特征维度设置得越大，模型的体积也就越大。例如，当 Network Rank Dimension= 128 时，输出模型大小为 144MB。注意，Network Rank Dimension 的值不是越大越好，模型也不是越大越好。更大的 Network Rank Dimension 值有助于模型学到更多细节，但会使模型收敛速度变慢，需要的训练时间更长，也更容易过拟合。在训练人物时，推荐将其填写为 16 或 32；在训练画风时，推荐将其填写为 64 或 128，此时 3000 步之内就能完成训练。当处理高分辨率且复杂的数据集时，可以将该参数填写为 128 或 192，这样有助于完成细节训练，但需要更多的训练步数。

- Network Alpha（网络 Alpha 系数）：是用于控制神经网络正则化的参数，可防止下溢并稳定学习，降低过拟合风险。推荐将其填写为"Network Rank Dimension"参数值的二分之一。

- Shuffle caption：该参数可以打乱标注，提高模型的泛化性，但若使用不当，就会欠拟合，需要配合"Keep n tokens"参数一起使用。推荐勾选该参数。

- Keep n tokens：填写该参数后，每个文本文档的前 n 个单词（tag）都不会被打乱，并可作为触发词使用，推荐将其填写为 1~3。

- Clip skip（跳过层）：在训练动漫风格的画风或者角色时，将其填写为 2；在其他情况下，将其填写为 1。

- Enable buckets：当图片素材的分辨率不统一时，需要勾选该参数。

在填写完以上参数后，单击界面底部的"Train model"按钮即可开始训练模型。

6.6 模型测试

在训练完成后来到事先创建好的文件夹：D:\kohya_ss\train\ha_test\model。可以看到，这里生成了 10 个模型训练记录，其中的每个模型都代表一个 epoch，如图 6-27 所示。接下来我们需要测试这 10 个模型，并且挑选出性能最好的模型。

图 6-27

首先自行安装 additional-networks 插件，然后把这 10 个模型复制至
"D:\stable-diffusion-webui\extensions\sd-webui-additional-networks\
models\lora" 路径下，如图 6-28 所示。

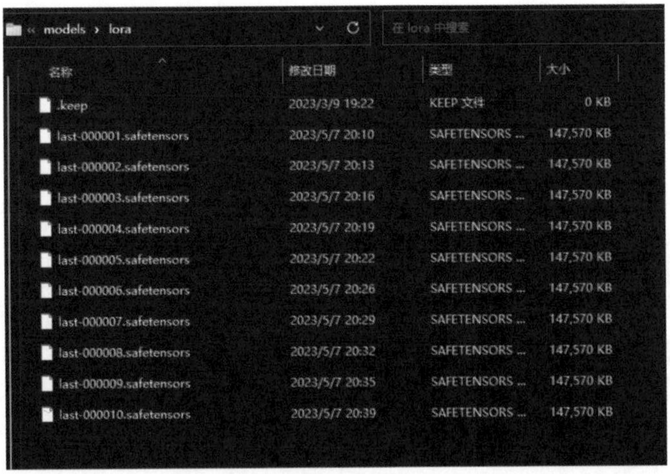

图 6-28

来到文生图界面，在正面提示词输入框中输入一些简单的提示词和触发词
即可，例如这里输入的是"masterpiece,best quality,ha_test,1girl,solo"，
其中，"ha_test,1girl,solo"是触发词。对于其他参数，保持其默认值即可，
如图 6-29 所示。

图 6-29

启用"可选模型附加网络 (LoRA 插件)",英文界面为 additional-networks。勾选"启用"选项,在"模型 1"下拉框中选择任意编号的模型即可,如图 6-30 所示。

图 6-30

来到底部，单击"脚本"下拉框，如图6-31所示。

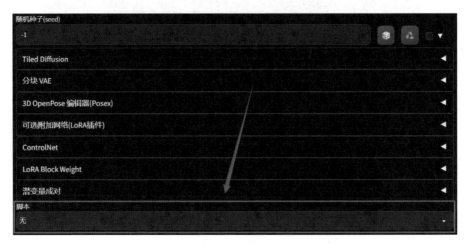

图 6-31

选择"X/Y/Z 图表"，如图6-32所示。

图 6-32

单击"X轴类型"下拉框，选择"随机种子（seed）"，在"X轴值"一栏填写 -1，如图6-33所示。

图 6-33

单击"Y轴类型"下拉框，选择"[可选附加网络]模型1"，如图6-34所示。

图 6-34

单击如图 6-35 所示的黄颜色的文件夹图标，即可在"Y轴值"一栏加载所有待测试的模型。

图 6-35

单击"Y轴类型"下拉框，选择"[可选附加网络]权重1"，如图6-36所示。

图 6-36

在一般情况下，对权重值只需测试0.5～1即可，所以在"Z轴值"一栏填写"0.5,0.6,0.7,0.8,0.9,1"，如图6-37所示。注意，这里输入的逗号必须为半角形式。

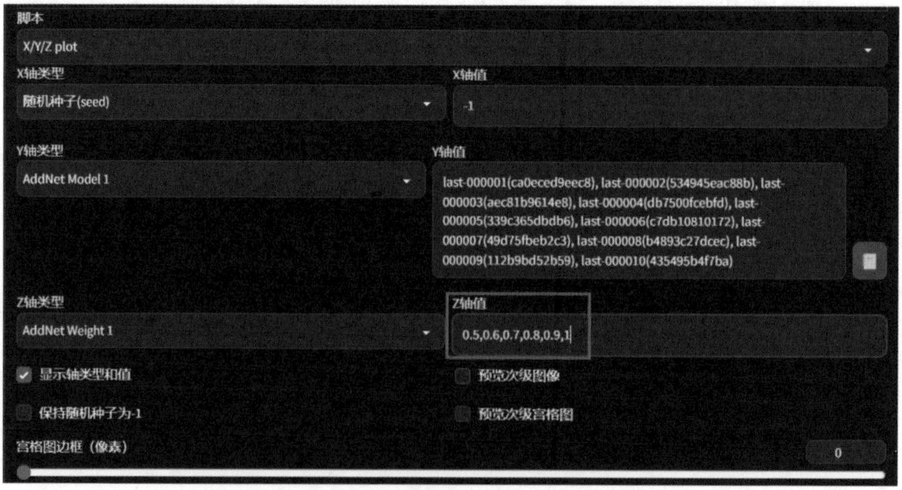

图 6-37

回到界面顶部，单击"生成"按钮，如图 6-38 所示。

图 6-38

此时我们会得到一张矩阵图，其 X 轴表示权重值，Y 轴表示模型编号。接下来需要通过仔细观察，挑选出性能与效果最好的模型，如图 6-39 所示。

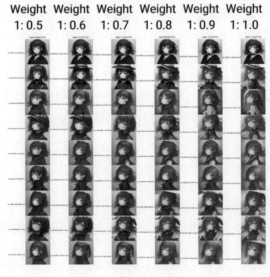

图 6-39

把挑选好的模型复制到"D:\stable-diffusion-webui\models\lora"路径下。接下来对这个挑选好的模型做进一步优化，如图 6-40 所示。

图 6-40

6.6.1　拟合度

拟合度指机器学习模型对训练数据和未知数据的预测能力。拟合度主要有两种现象：欠拟合和过拟合。

- 欠拟合（underfitting）：当模型不能很好地捕捉数据的基本结构时，我们称之为欠拟合。这通常是因为模型过于简单，无法捕捉数据中的潜在规律，导致模型在训练集和验证集上的表现都不尽如人意。

- 过拟合（overfitting）：当模型对训练数据学习得过于复杂，以至于学习到一些噪声和误差时，我们称之为过拟合。在这种情况下，模型在训练集上的表现很好，但它在验证集和测试集上的表现较差，因为模型过度适应了训练数据，未能泛化到新的、未知的数据。

以上概念可能不好理解，我们来看一个生活中的案例。设想这样一个场景：在一个魔方培训班上，老师正在指导若干学生学习魔方复原方法。这里的魔方分为不同的型号，包括三阶魔方、镜面魔方、金字塔魔方、五魔方、斜转魔方等，目标是让每位学生都掌握全部型号的魔方的复原方法。

有的同学由于理解能力有限，即使面对较为简单的三阶魔方，也不能熟练地复原。这就类似于欠拟合的现象。说得更直白一点就是：没学会。

有的同学在训练过程中，花费大量时间和精力针对某一型号的魔方复原方法进行学习。虽然在该类魔方上表现优异，但面对其他型号的魔方时，却不能灵活应对。这就类似于过拟合的现象。说得更直白一点就是：学会了，但不能举一反三。

在 LoRA 模型的训练过程中，过拟合的现象经常发生，所以我们需要通过分层控制的方式对模型进行优化。

6.6.2 模型的分层控制

LoRA模型可分为17层，第1层为Base层（开关层），第2~7层为IN层（输入层），第8层为MID层（中间层），第9~17层为OUT层（输出层）。每层都有一个权重值，我们可以通过单独调整每层的权重值来控制每层权重。权重值的取值范围为0~1。

举个例子：如果我们训练的角色模型拟合度较高，那么在给角色更换服装时，效果就会很差，甚至出现无法更换服装的情况。此时可以通过降低服装层的权重来补救。这里需要用到LoRA Block Weight插件。我们需要自行安装该插件，可以通过本书封底的"读者服务"获取该插件。在LoRA Block Weight插件中，这17层又被划分为8类，分别如下。

（1）Base：第 1 层（开关层，必须将其填写为 1）。

（2）INS：第 2~4 层（控制服装和服装细节等）。

（3）IND：第 5~7 层（控制服装、姿态、背景等）。

（4）INALL：第 2~7 层（INS+IND）。

（5）MIDD：第 5~12 层（IND+MID+OUTD）。

（6）OUTD：第 9~12 层（控制面部特征、躯干、饰品等）。

（7）OUTS：第 13~17 层（控制上色风格）。

（8）OUTALL：第 9~17 层（OUTD+OUTS）。

我们可以将以上对应关系总结为表 6-1，笔者通过层层测试，进一步补充了这 17 层的分工明细（仅供参考）。

表 6-1

编号	分　类	权　重	功能详情	插件分类			
1	BASE（开关层）	固定为 1	开关（必须写 1）				
2	IN（输入层）	0~1	服装细节（扣子等）	INS（服装）	INALL	MIDD（服装、背景）	
3		0~1					
4		0~1					
5		0~1	背景	IND（服装、姿势）			
6		0~1					
7		0~1	躯干服装、动作				
8	MID（中间层）	0~1	躯干动作				
9	OUT（输出层）	0~1	面部、躯干动作、特征	OUTD（服装）	OUTALL（过拟合）		
10		0~1					
11		0~1	面部、躯干（服装）特征、佩戴的饰品等				
12		0~1	背景	OUTD（上色风格）			
13		0~1					
14		0~1	OUTS（上色风格）				
15		0~1					
16		0~1	上色风格				
17		0~1					

可以看出，以上 17 层每层都各司其职，我们可以把它想象成一个汉堡，一个汉堡可以分为面包层、蔬菜层、芝士层、牛肉层等。有些人不爱吃蔬菜，就可以单独把蔬菜层抽出来扔掉，这就相当于降低了蔬菜层的权重。所以，如果我们的模型过拟合并且无法更换服装，那么我们同样可以降低服装层的权重，这样就能提升模型泛化的性能。

6.6.3　分层调试

来到文生图界面，首先单击右侧的粉红色按钮，然后单击 "LoRA" 选项卡，即可加载 "D:\stable-diffusion-webui\models\lora" 路径下的全部 LoRA 模型，单击模型名称即可把 LoRA 模型加载到正面提示词输入框中。例如，这里加载的是 <lora:ha_test:1>，这里的 1 表示该模型的总权重值，如图 6-41 所示。

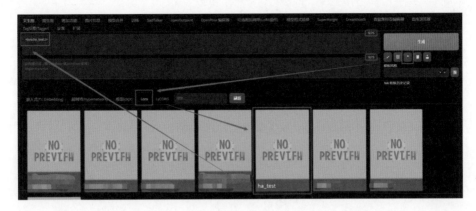

图 6-41

来到界面底部，激活 LoRA Block Weight 插件（需要根据本书封底的"读者服务"自行安装该插件），如图 6-42 所示。

图 6-42

LoRA Block Weight 插件为我们提供了以下预设。

- NONE：0,0,0,0,0,0,0,0,0,0,0,0,0,0,0,0,0,0。

- ALL：1,1,1,1,1,1,1,1,1,1,1,1,1,1,1,1,1,1。

- INS：1,1,1,1,0,0,0,0,0,0,0,0,0,0,0,0,0,0。

- IND：1,0,0,0,1,1,1,0,0,0,0,0,0,0,0,0,0。

- INALL：1,1,1,1,1,1,1,0,0,0,0,0,0,0,0,0,0。

- MIDD：1,0,0,0,1,1,1,1,1,1,1,1,0,0,0,0,0。

- OUTD：1,0,0,0,0,0,0,0,0,1,1,1,1,0,0,0,0。

- OUTS：1,0,0,0,0,0,0,0,0,0,0,0,0,1,1,1,1。

- OUTALL：1,0,0,0,0,0,0,0,0,1,1,1,1,1,1,1,1。

- ALL0.5：0.5,0.5,0.5,0.5,0.5,0.5,0.5,0.5,0.5,0.5,0.5,0.5,0.5,0.5,0.5,
  0.5,0.5。

调用预设的语法规则：在模型提示词的末尾添加冒号和预设名称。例如，这里直接调用了 OUTALL 预设（OUTALL 预设表示仅保留模型的输出层，对于画风类的模型，推荐仅保留输出层）：

```
<lora:ha_test:1:OUTALL>
```

如果预设无法满足需求，那么还可以按照以下语法规则单独调整每层的权重。这里的 17 个数值表示每层的权重值,推荐的取值范围为 0~1,可单独调整。如果角色类的模型出现了无法更换衣服的情况，那么可以适当降低第 2、3、4、7、11 层的权重，写法如下：

```
<lora:ha_test:1:1,0.5,0.5,0.5,1,1,0.5,1,1,1,0.5,1,1,1,1,1,1>
```

例如，这里的第 2、3、4、7、11 层的权重都降低到了 0.5，这样就可以有效提升模型更换服装的性能（具体降低到多少，以实际情况为准，需要反复调试，才能找到一个最佳数值）。

调试好的数值可以作为自定义预设添加到插件的预设区，方便以后调用，如图 6-43 所示。

图 6-43

6.6.4 模型融合

为了让模型使用起来更方便，我们还可以使用 SuperMerger 插件将分层调试好的模型重新融合。

首先单击"SuperMerger"菜单来到模型融合界面，然后单击"LoRA"标签，再单击"update list"按钮，即可加载全部的 LoRA 模型，如图 6-44 所示。

图 6-44

来到界面底部，添加一条自定义预设：cloth:1,0.5,0.5,0.5,1,1,0.5,1,1，1,0.5,1,1,1,1,1,1，如图 6-45 所示。

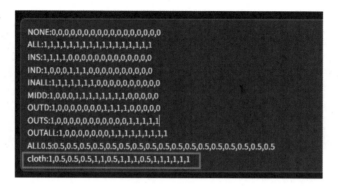

图 6-45

首先勾选待融合的模型，例如这里勾选的是 ha_test(64)。然后按照语法规则输入融合参数：ha_test:1.0:cloth（其中的 cloth 表示自定义预设）。接下来在右侧的输入框中输入模型文件名。最后单击上方的"Merge LoRAs"按钮，即可按照自定义的 cloth 预设开始融合（如果是画风类的模型，则直接使用 OUTALL 预设即可），如图 6-46 所示。

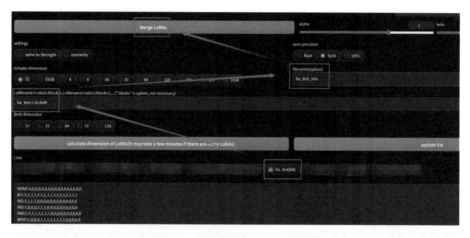

图 6-46

回到界面顶部，如果这里出现如图 6-47 所示红框中的提示，则表示融合完成。接下来就可以正常使用该模型或者将其发布到网上。

图 6-47

本章小结

　　本章介绍了 LoRA 模型的训练流程和参数设置。只有积累了大量训练经验，才能够准确地设置各项参数，并且得到最好的训练结果，这需要读者多加练习。这里推荐大家使用 LoRA 模型训练人物角色、宠物或物件。

第7章

ControlNet 插件的
使用方式

ControlNet 插件是一款非常强大的 AI 绘画插件，为创作者提供了一种直观且便捷的创作方式，可以让创作者轻松地对图像进行精准控制。接下来讲解 ControlNet 插件的各项功能（其下载与安装方式可以参考本书封底的"读者服务"）。

以下是对 ControlNet 插件常用参数的介绍。

- 启用（Enable）：勾选该参数后，单击"生成"按钮时，Stable Diffusion 才会按照 ControlNet 插件的引导生成图像，否则不生效，即必须勾选该参数。

- 反色模式（Invert Input Color）：可以将指定区域的颜色反转，需要使用画笔工具对图片进行涂抹，仅对被涂抹的区域生效。

- RGB 格式的法线贴图转 BGR 格式（RGB to BGR）：可以将颜色通道反转。

- 低显存优化（Low VRAM）：如果我们的显卡显存小于 4GB，则需要勾选此选项。

- 无提示词模式（Guess Mode）：在该模式下，可以在不写任何提示词时生成图片，但不能保证图片质量，图片质量可能非常好，也可能非常差。

- 预处理器（Preprocessor）：在该下拉框中可以选择不同的预处理器，每个预处理器都有各自的功能和特点。接下来的章节会介绍常用预处理器的用法和应用场景。

- 模型（Model）：在该下拉框中可以选择不同的模型，模型名称要与预处理器名称一致，否则无法正常生成图片。

- 权重（Weight）：指使用 ControlNet 插件生成图片时的权重占比影响。权重值越大，生成的图片受 ControlNet 插件的影响也就越大。

- 引导介入时机（Guidance Start(T)）：在 Stable Diffusion 中，所有图

片都是按照迭代步数来生成的。这个参数可以决定 ControlNet 插件在哪一步介入，当设置为 0 时表示在一开始就介入。

- 引导退出时机（Guidance End(T)）：可以决定 ControlNet 插件在哪一步退出。默认值为 1，表示在结尾时退出。

7.1 姿态检测（openpose）

由于 Stable Diffusion 在生成图片时具有很大的随机性，所以我们通常无法把控人物的姿态。ControlNet 插件的姿态检测功能可以很好地解决这一问题。在姿态检测功能中，我们只需上传一张底图，插件就会自动识别底图中人物关节处的关键节点，并且生成一张包含骨骼信息的图片。

首先在界面下方的插件区单击"ControlNet"菜单，然后在图像区上传一张底图，勾选"启用"选项，接着在"预处理器（直接上传模式图或草稿时可选"无"）"下拉框中选择"openpose"，在"模型"下拉框中选择"control_v11p_sd15_openpose[cab727d4]"，如图 7-1 所示。

其中，"权重"参数的值越高，生成的骨骼信息图片越接近底图，一般填写 1 即可。我们也可以按需适当降低该参数的值，例如，这里填写的是 0.6。

最后，我们只需填写提示词和参数，再单击"生成"按钮，这时 Stable Diffusion 就会根据底图中人物的姿势和提示词来生成图片，并且会生成一张包含骨骼信息的图片，如图 7-2 和 7-3 所示。

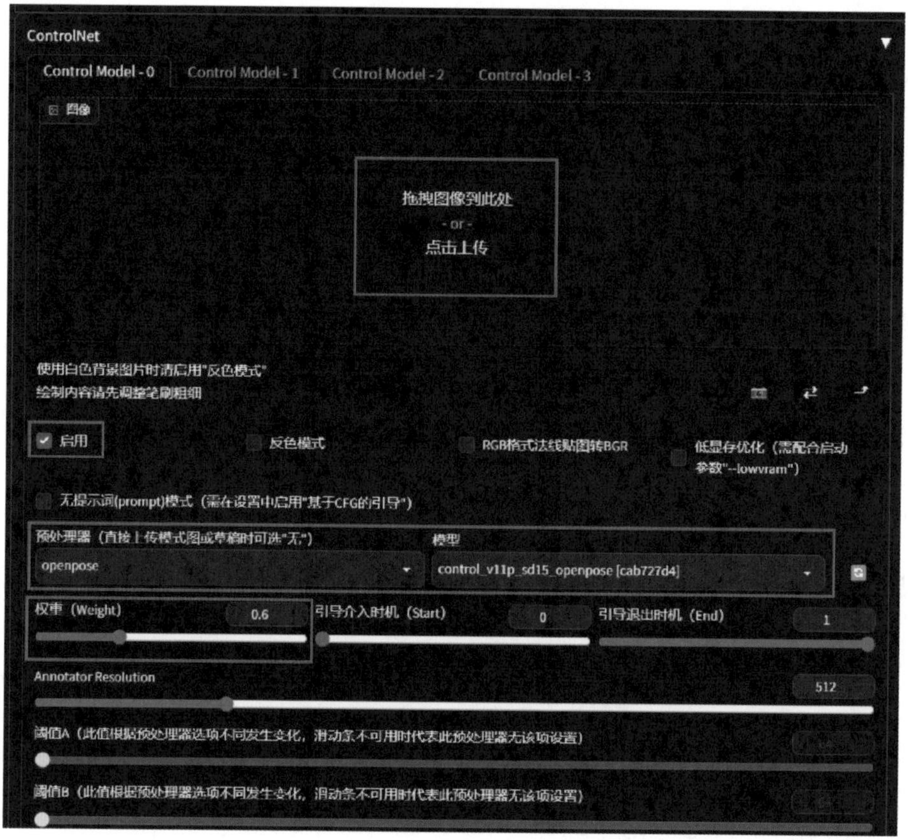
ControlNet
Control Model - 0
Control Model - 1
Control Model - 2
Control Model - 3
图像
拖拽图像到此处
- or -
点击上传
使用白色背景图片时请启用"反色模式"
绘制内容请先调整笔刷粗细
启用
反色模式
RGB格式法线贴图转BGR
低显存优化（需配合启动参数"--lowvram"）
无提示词(prompt)模式（需在设置中启用"基于CFG的引导"）
预处理器（直接上传模式图或草稿时可选"无"）
openpose
模型
control_v11p_sd15_openpose [cab727d4]
权重（Weight）
0.6
引导介入时机（Start）
0
引导退出时机（End）
1
Annotator Resolution
512
阈值A（此值根据预处理器选项不同发生变化，滑动条不可用时代表此预处理器无该项设置）
阈值B（此值根据预处理器选项不同发生变化，滑动条不可用时代表此预处理器无该项设置）

图 7-1

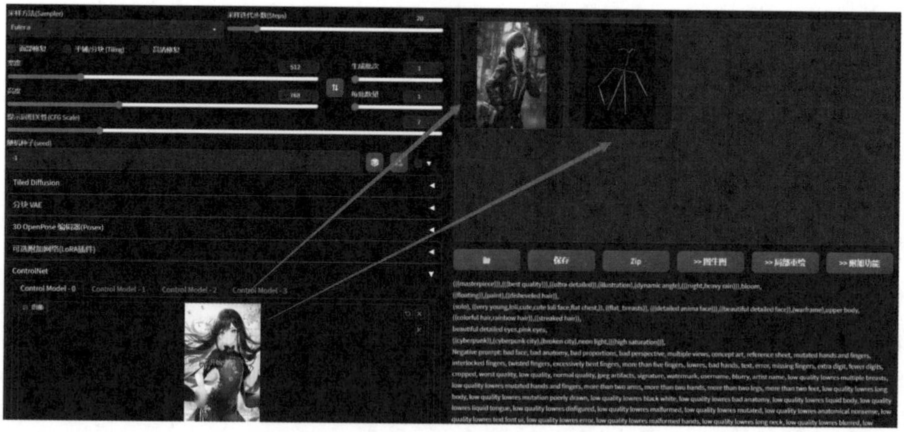
Tiled Diffusion
分块 VAE
3D OpenPose 编辑器(Posex)
ControlNet
Control Model - 0
Control Model - 1
Control Model - 2
Control Model - 3
保存
Zip

图 7-2

图 7-3

人物关节处关键节点的具体分布情况如图 7-4 所示。

图 7-4

　　我们还可以在"OpenPose 编辑器"选项卡中手动编辑骨骼图片，其中的每个节点都可以用鼠标自由拖动，如图 7-5 所示。

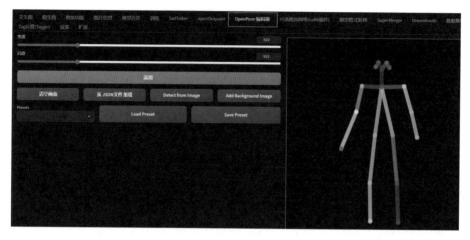

图 7-5

openpose 还附带了其他预处理器，如图 7-6 所示。其中，openpose_hand（即图中的"OpenPose 姿态及手部检测（Openpose hand）"）可用于进一步检测手部骨骼的细节，并有效解决画不好手的问题。openpose_full 可用于同时检测面部和手部的细节。用法与姿态检测相同。

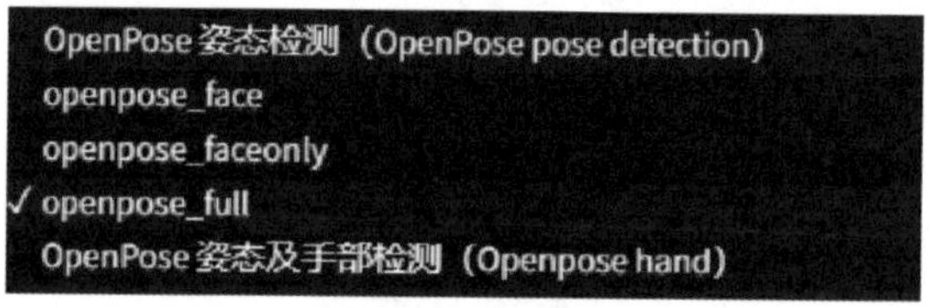

图 7-6

7.2 线稿提取与上色（lineart）

通过线稿提取与上色功能，我们只需上传一张普通图片或黑白线稿作为底图（在上传普通图片时会自动提取该图片的线稿），Stabl Diffusion 就会自动根据线稿和提示词的内容，完成对线稿的自动上色。操作方法与 7.1 节类似：首先需要在图像区上传一张底图（普通图片或黑白线稿都可以），然后勾选"启用"选项，接着在下面的两个下拉框中分别选择"lineart"和"control_v11p_ sd15_lineart[43d4be0d]"，如图 7-7 所示。对于权重值，可以按需填写。另外，可以将"Annotator resolution"（分辨率）的值适当调大。

图 7-7

通过搭配不同的提示词、参数或底模型，可以生成千变万化的图片，效果如图 7-8～图 7-10 所示。

图 7-8

图 7-9

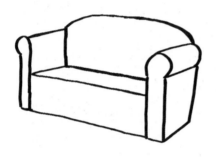

图 7-10

7.3 法线贴图（normal_bae）

　　法线贴图指先在原物体凹凸表面的每个点上都做法线，然后通过 RGB 颜色通道来标记法线的方向。法线贴图是计算机图形学中的一种常用技术，通常用于模拟具有高详细度的凹凸图形表面。法线贴图包含 RGB 颜色信息，其中红色（R）、绿色（G）和蓝色（B）分量分别表示 X、Y、Z 轴上的法线向量分量。通过将这些法线向量用于一个低多边形表面，可以在受到光照时产生高多边形模型的视觉效果。

法线贴图可以使物体看起来更加立体、纹理细节更多，对于节省计算资源、提高渲染效率而言非常重要。在 3D 建模中，法线贴图被广泛用于游戏、电影和实时渲染等领域，以优化性能和呈现高质量的视觉效果。

法线贴图主要用于以下行业。

- 游戏：为了在游戏中保持高帧率，通常使用低多边形模型。为了使低多边形模型看起来更加真实、具有更多细节，可以使用法线贴图模拟高多边形模型的表面细节。这在角色、环境物体及关卡设计中尤为重要，可以有效提升游戏的视觉效果。

- 电影制作：虽然电影中的 3D 模型可以承载更多的多边形和纹理细节，但高质量的法线贴图仍然可以有效地将所需渲染时间降低至可接受的范围，提高生成效率，同时保持高质量的视觉效果。

- 建筑与室内设计：在设计建筑和室内空间时，使用法线贴图可以快速地为地面、墙壁等表面添加纹理细节，包括砖块、放射性砖缝、局部涂料、石头等。这样可以节省时间，以更少的资源创建更高品质的视觉效果。

- 工业设计：在设计汽车、飞机等复杂的工程制品时，使用法线贴图可以模拟产品的不同材质与特征，例如金属、碳纤维材料等。这为高品质的产品演示和虚拟测试环境提供了便利。

在ControlNet插件的图像区先上传底图，然后勾选"启用"选项，接着在"预处理器(直接上传模式图或草稿时可选"无")"下拉框中选择"normal_bae"，在"模型"下拉框中选择"control_v11p_sd15_normalbae[316696f1]"，如图7-11所示。最后单击"生成"按钮，即可根据底图生成一张法线贴图，如图7-12所示。

图 7-11

图 7-12

7.4 深度检测（depth_midas）

深度检测功能可用于自动识别底图中物体的距离关系，并自动生成一张灰度图。在灰度图中，区域颜色越浅，该区域的物体离镜头越近；区域颜色越深，该区域的物体离镜头越远。使用深度检测功能，能够更好地把控人物或景物的距离关系。

例如，这里首先在图像区上传了一张风景画作为底图，然后在"预处理器（直接上传模式图或草稿时可选"无"）"下拉框中选择"depth_midas"，在"模型"下拉框中选择"control_v11f1p_sd15_depth[cfd03158]"，如图 7-13 所示。单击"生成"按钮，即可根据底图生成一张灰度图，如图 7-14 所示。随后会按照这张灰度图中的距离关系生成新的图片，如图 7-15 所示。

图 7-13

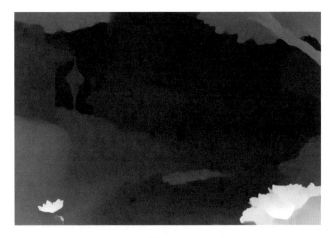

图 7-14

图 7-15

7.5 毛边检测（softedge_hed）

　　同线稿提取与上色功能类似，毛边检测功能同样可用于自动检测图片中人物的边缘，并且自动提取线稿，但是提取出的线稿偏柔和，细节也更丰富，所以毛边检测功能更适合处理毛发较多的动物。

例如，这里先上传了一张猫的照片作为底图，然后在"预处理器（直接上传模式图或草稿时可选"无"）"下拉框中选择"softedge_hed"，在"模型"下拉框中选择"control_v11p_sd15_softedge[a8575a2a]"，如图 7-16 所示。单击"生成"按钮后，Stable Diffusion 会根据底图生成一张保留了毛边细节的线稿图，如图 7-17 所示。搭配不同的提示词，即可生成不同品种的猫的图片，此处生成的猫图片如图 7-18 所示。

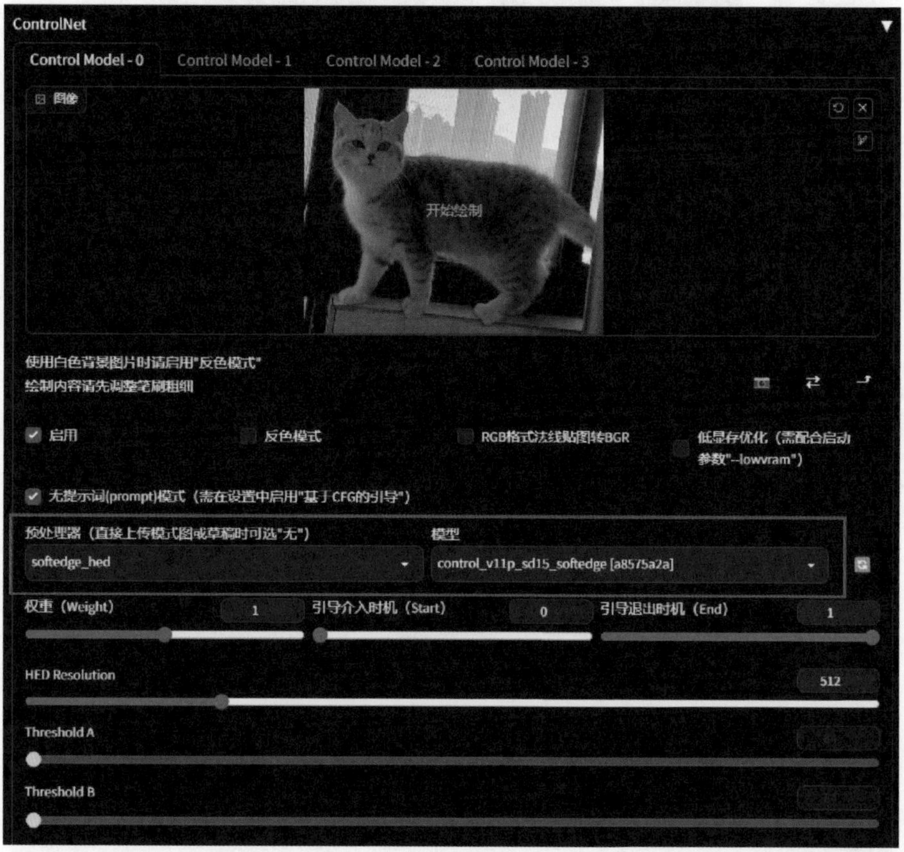

图 7-16

图 7-17

图 7-18

7.6　线条检测（M-LSD）

线条检测功能主要用于检测直线，所以更适合处理棱角分明的建筑类图片，推荐建筑设计师和室内设计师使用该功能。我们只需上传建筑或室内效果图的线稿，就能快速量产不同风格的渲染图。

在"预处理器（直接上传模式图或草稿时可选"无"）"下拉框中选择"mlsd"（图中"mlsd"是"M-LSD 线条检测"的缩写），在"模型"下拉框中选择"control_v11p_sd15_mlsd[aca30ff0]"，如图 7-19 所示。在上传一张建筑或室内线稿图后，接下来只需先填写提示词和参数，然后单击"生成"按钮，这时 Stable Diffusion 就会根据线稿来生成渲染图，如图 7-20 和 7-21 所示。

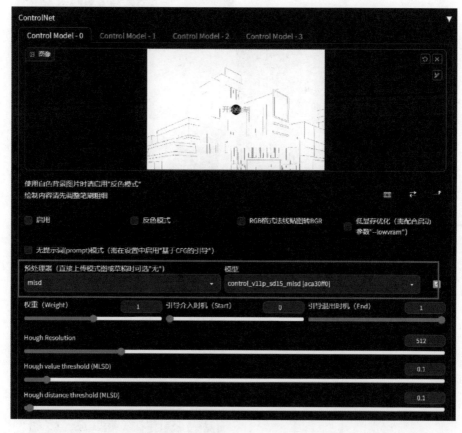

图 7-19

图 7-20

图 7-21

还可以直接把毛坯房作为底图上传，直接、快速地生成各种风格的精装效果图，如图 7-22 所示。

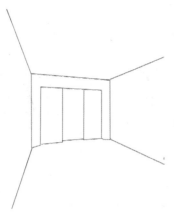

图 7-22（1）

图 7-22（2）

7.7 曝光度检测（scribble）

　　曝光度检测功能主要用于检测曝光度，它首先提取了曝光对比度比较明显的区域，然后根据提取到的信息生成新的图片。在"预处理器（直接上传模式图或草稿时可选"无"）"下拉框中选择"scribble_hed"，在"模型"下拉框中选择"control_v11p_sd15_scribble[d4ba51ff]"，如图 7-23 所示。上传底图后，单击"生成"按钮，可以看到，提取的图片信息仅保留了曝光度较大的部分，如图 7-24 所示。

图 7-23

图 7-24

曝光度检测功能更适合处理手绘素材或简笔画素材，我们可以通过该功能将手绘素材或简笔画素材转为各种风格的图片，如图 7-25 所示。

图 7-25

7.8 语义分割（Segmentation）

语义分割功能可用于自动检测底图中的人物、景物、背景等，并且按照语义将其划分成不同的区域。通过该功能，可以很好地识别与区分人物主体和背景。在"预处理器（直接上传模式图或草稿时可选"无"）"下拉框中选择"seg_ofade20k"，在"模型"下拉框中选择"control_v11p_sd15_seg[e1f51eb9]"，如图 7-26 所示。上传底图后，单击"生成"按钮，可以看到在提取的图片信息中包含不同颜色的色块。这些色块都是按照语义来划分的，例如深红色代表人物，深蓝色代表河流，绿色代表植物，浅蓝色代表天空，等等，如图 7-27 所示。并且会按照这张包含语义信息的色块图来生成新的图片，如图 7-28 所示。

图 7-26

图 7-27

图 7-28

7.9 画风迁移（clip_vision）

画风迁移功能可用于自动检测底图中的画风，并且使用底图中的画风来生成新的图片，该功能非常强大。在"预处理器（直接上传模式图或草稿时可选"无"）"下拉框中选择"t2ia_style_clipvision"，在"模型"下拉框中选择"t2iadapter_style-fp16[0e2e8330]"。这里上传了一张梵高自画像作为底图，如图 7-29 所示，按需填写提示词和参数后，单击"生成"按钮，即可根据底图中的画风来生成新的图片，如图 7-30 所示。

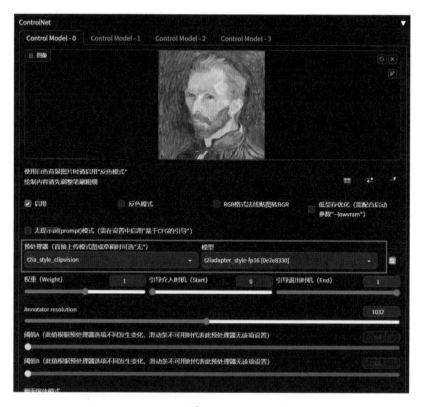

图 7−29

图 7−30

边缘检测（Canny）

边缘检测是一种比较通用的预处理器，可以提取大部分类型的图片的边缘，也可用于大部分线稿的自动上色，但是对边缘的检测效果不是特别精确。上传一张底图，在"预处理器（直接上传模式图或草稿时可选"无"）"下拉框中选择"canny"，在"模型"下拉框中选择"control_v11p_sd15_canny[d14c016b]"，如图 7-31 所示。单击"生成"按钮后，Stable Diffusion 就会根据底图生成一张线稿图。此时搭配不同的提示词，即可生成不同风格的图片，如图 7-32 所示。

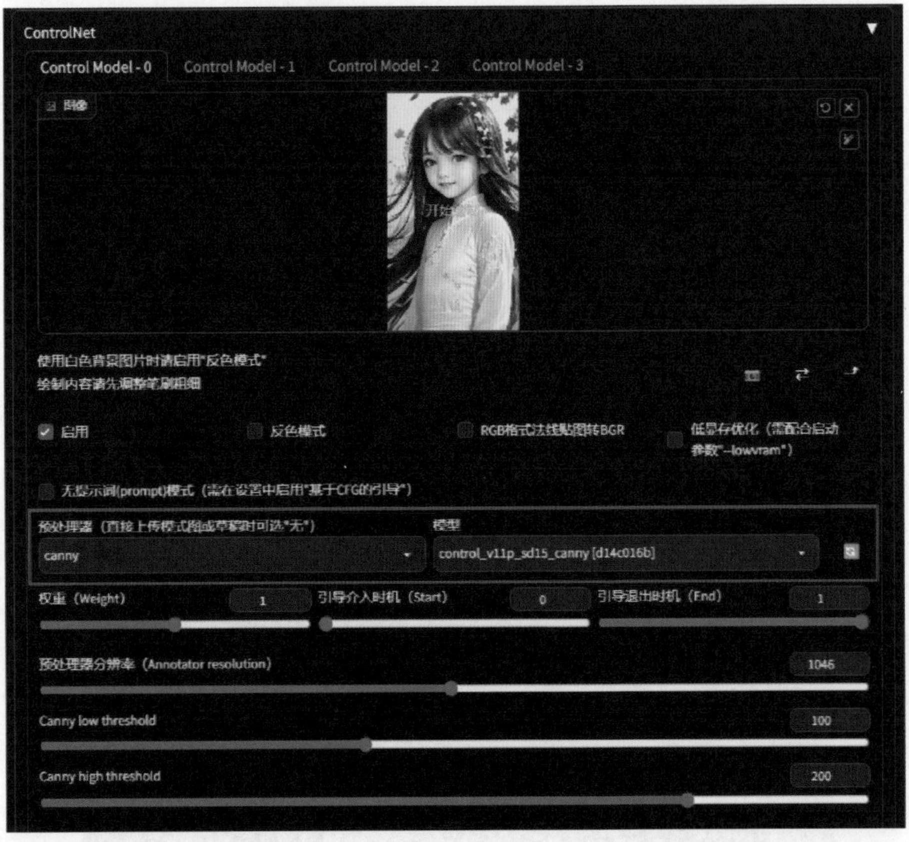

图 7-31

图 7-32

7.11 ControlNet 插件的高级应用

ControlNet 插件支持对多模型的组合使用，以实现对图片的更精准控制。我们可以在设置界面按需调整模型数量，默认值为 4，如图 7-33 所示。

图 7-33

7.11.1 更精准的 3D 场景重构

同时使用线稿上色、法线贴图和深度检测，可以更精准地重构 3D 场景，常用于户外景物图、建筑图或室内渲染图等。

首先在Control Model-0选项卡中上传一张底图并且加载线稿上色模型，如图7-34所示。然后在Control Model-1选项卡中上传相同的底图并且加载法线贴图模型，如图7-35所示。接着在Control Model-2选项卡中上传相同的底图并且加载深度检测模型，如图7-36所示。之后按需输入提示词，单击"生成"按钮后即可按照原图中景物的线稿、距离关系、凹凸细节来重构3D场景，如图7-37所示。并且会同时生成底图的线稿、法线贴图和灰度图，如图7-38所示。

图 7-34

图 7–35

图 7–36

图 7-37

图 7-38

7.11.2 更精准的人物风格

同时使用姿态检测和语义分割功能，可以更精准地处理人物风格。

在 Control Model-0 选项卡中上传一张底图并且加载姿态检测模型，如

图 7-39 所示。在 Control Model-1 选项卡中上传相同的底图并且加载语义分割（segmentation）模型，如图 7-40 所示。然后按需输入提示词，单击"生成"按钮后，即可按照原图中人物的姿态绘制新的人物，并且有了语义分割功能的辅助，人物和背景的层次感也会更加清晰，如图 7-41 所示。同时会生成一张骨骼信息图和一张色块信息图，如图 7-42 所示。

图 7-39

图 7-40

图 7-41

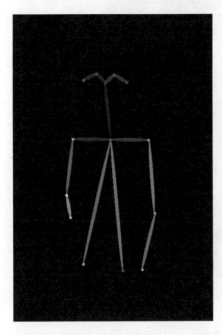

图 7-42

7.11.3　更精准的光源控制

ControlNet 插件还可以与图生图工具结合使用。例如，将深度检测和图生图组合使用，可以实现更精准的光源控制。

（1）我们需要使用Stable Diffusion生成一张底图，并且记录正面提示词、负面提示词和生成参数，如图7-43所示。生成参数为"Steps: 20；Sampler: DPM++ 2M Karras；CFG scale: 11；Seed: 3311811747；Size: 512x768；Model hash: 0d27c62ffa；Model: realdosmix"，提示词略。

图 7-43

（2）来到图生图界面，上传一张光源图，如图 7-44 所示。

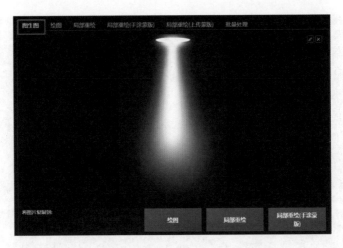

图 7-44

（3）对于图生图界面的参数，要按照刚才记录的参数"Steps：20；Sampler：DPM++ 2M Karras；CFG scale：11；Seed：3311811747；Size：512x768"来填写。对于重绘幅度，填写 0.6 左右即可（注意，不要切换底模型），如图 7-45 所示。

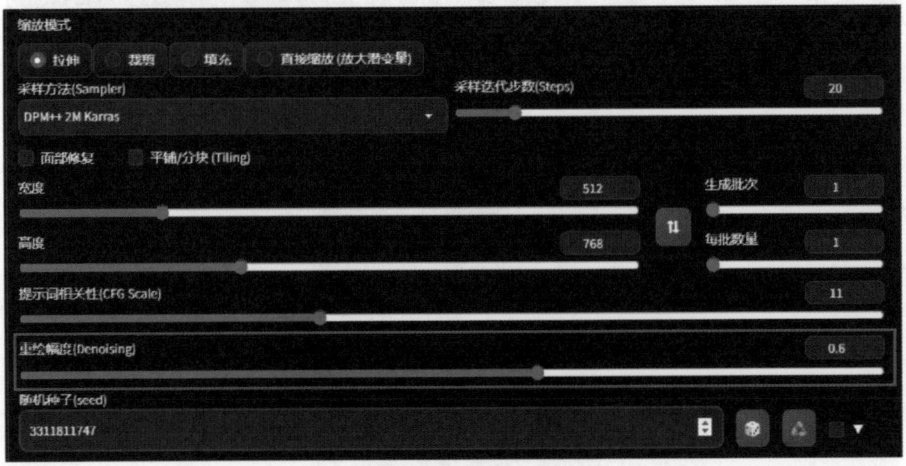

图 7-45

（4）在 ControlNet 插件界面上传刚才生成的底图，在"预处理器（直接上传模式图或草稿时可选 "无 "）"下拉框中选择"depth_midas"，在"模型"下拉框中选择"control_v11f1p_sd15_depth[cfd03158]"，如图 7-46 所示。

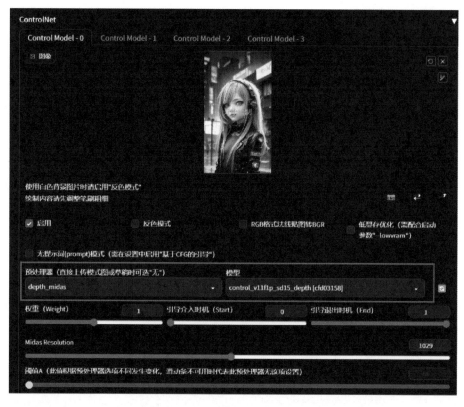

图 7-46

（5）单击"生成"按钮，即可将光源应用到底图上，如图 7-47 所示。

图 7-47

7.11.4　更精准的三视图

姿态检测功能还可用于生成角色的三视图。我们首先需要上传一张包含三视图骨骼信息的图片模板，在"预处理器（直接上传模式图或草稿时可选"无"）"下拉框中选择"无"，在"模型"下拉框中选择"control_openpose_fp16[9ca67cc5]"，如图7-48所示。

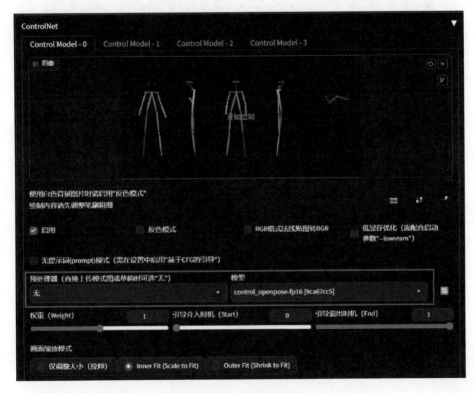

图7-48

生成三视图时，在提示词中需要填写"simple background,white background,multiple views"，其中文翻译是"简洁的背景,白色背景,多视图"。并且搭载一个三视图的LoRA模型，推荐搭载CharTurnerBeta Lora模型，在模型共享网站中搜索该模型的名字即可找到，如图7-49所示。最终生成的三视图如图7-50所示。

图 7-49

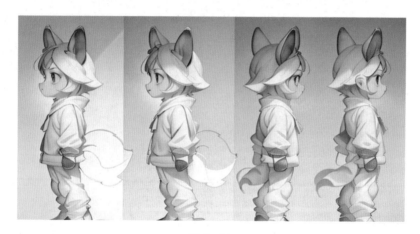

图 7-50

7.12　本章小结

　　本章详细介绍了 ControlNet 插件各个预处理器的用法和应用场景。当然，ControlNet 插件的功能远远不止这些，用法也千变万化，应用场景也能适配各行各业。所以，ControlNet 插件是 AI 绘画必备的重要插件。关于 ControlNet 插件的更多用法，需要各位读者多实践、多创新。

第8章

项目实战：将AI绘画融入商业设计

第 1~7 章讲解了 Stable Diffusion 的理论知识与基础操作，本章将进一步探究如何将 AI 绘画融入商业设计，为相关从业者提供新的设计思路和工作方式。

进行 AI 绘画的基本工作流程如下。

（1）设计调研与需求分析：在项目启动前，我们的首要任务是进行全面的设计调研，包括但不限于市场调研、需求分析、竞品分析等。此外，我们还需要分析行业的发展趋势，以便将 AI 绘画与实际需求相结合，进行深入沟通与讨论，明确项目目标和战略定位。

（2）定制设计方案：根据设计调研的结果制定针对性的设计方案，包括挑选适合的底模型与提示词，制定合适的模型训练策略，还需要充分考虑各种不确定因素，比如技术发展、硬件设备、版权等，并进行风险评估和预案准备。在方案制定过程中，我们还需要与用户保持密切沟通，确保设计方案满足用户的需求。

（3）图片素材拍摄：在模型训练过程中，图片素材的质量对最终成果具有决定性的影响。因此，我们需要组织专业团队对所需图片素材进行拍摄，并对图片素材进行筛选和优化；还需要按照一定的规范对图片素材进行适当的后期处理与分类，以配合技术人员完成模型训练。

（4）模型训练与图片生成：我们可以选择恰当的训练方式完成模型训练，并且使用训练好的模型，搭配恰当的提示词和参数，按需生成图片；也可以通过提示词或者插件直接生成图片。

（5）包装与设计：在生成 AI 绘画作品后，我们需要做进一步的包装和设计，以满足用户及市场的需求。其中包括根据场景需求调整图片的大小、颜色、角度等参数，以及整合各种设计元素如文字、Logo、图片特效等，使 AI 绘画作品具有更高的艺术及商业价值。在此过程中，我们需要充分发挥专业素养，确保 AI 绘画作品在视觉、情感和市场价值方面得到最佳呈现。

AI 绘画作为一项创新性的技术，已在各行各业崛起并逐渐影响着我们的生活。将它应用于实际工作是充满挑战与探索的事情，需要我们不断摸索和实践。一旦熟练掌握这项技术，将为我们的设计工作带来前所未有的变化。

8.1 家具效果图

家具效果图在家具行业中占有重要地位，不仅是厂家展示产品的方式，还是设计师与用户沟通的桥梁。然而，传统的效果图绘制过程耗时且依赖于设计师的经验与技巧。针对这一问题，AI 绘画为家具行业提供了全新的解决方案。

8.1.1 需求分析

随着家具行业的不断发展和创新，家具效果图的生成已成为家具厂商和设计师的一大负担。传统的家具效果图的生成依赖于专业设计师的手动绘制，产能低且成本高。通过 AI 绘画生成家具效果图不仅产能极高，而且成本低，还可以根据用户的需求灵活、快速地改变家具效果图的风格。在一台普通的个人计算机上搭载一张中高端显卡，一小时就可以生成 300～500 张效果图，在这些图片中大约可以挑选出 5～10 张效果比较好的图片。

尽管 AI 绘画在家具行业中的应用尚处于起步阶段，但它已经在某些环节展现显著的优势。例如，通过输入不同的提示词，可以灵活、快速地改变色彩搭配、视角选择、家具款式等，以满足不同用户的需求；还能为设计师提供一些灵感，把指定的产品训练成模型供以后使用。

综合来看，AI 绘画在家具行业中拥有很不错的潜力，它能有效提高生成效果图的效率，降低成本，为家具行业带来全新的产品开发模式。但是，我们要关注 AI 绘画在准确度方面的缺陷，以确保它在满足实际需求的同时，为厂家和用户带来更好的体验。

8.1.2　定制设计方案

我们可以先通过文生图的方式生成各类家具效果图，然后直接使用这些家具效果图或者从中找到一些灵感。出图参考如下。

- 底模型：revAnimated_v11、realdosmix、dosmix、chilloutmix 等写实风格的模型。

- 正面提示词：masterpiece,best quality,(extremely fine and beautiful),(perfect details),(unity CG 8K wallpaper:1.05),(illustration:1.2),realistic,no humans,a sofa in a livingroom,best light,soft light,best shadow,其中文翻译是"杰作，最高质量,(极为精美),(完美的细节),(CG 8K 壁纸:1.05),(插画:1.2), 逼真，无人，客厅里的沙发，最佳光线，柔和光线，最佳阴影"。可以将其中的 sofa 按需替换成其他家具，例如 bed、chair、desk 等。

- 负面提示词：lowres, bad quality, text, error, missing fngers, extra digt, fewer digits, cropped, wort quality, low quality, normal quality, jpeg, artifacts, signature, watermark, username, blurry, bad feet, artist name, bad anatomy, bad hands, bad body, bad proportions, worst quality, low quality, optical_illusion, humans。

- 参数：对参数的设置如图 8-1 所示。

图 8-1

最终效果如图8-2~图8-6所示。

图8-2

图8-3

图 8-4

图 8-5

图 8-6

如果觉得文生图的随机性较大，则可以搭配 ControlNet 插件的线稿提取与上色功能和线条检测功能一起使用，这时只需上传简单的家具线稿，即可根据线稿生成对应的家具渲染图，而且可以随意改变款式和风格，极大地解放了生产力。操作流程请参考 7.2 节和 7.6 节，这里不再赘述，效果如图 8-7~图 8-9 所示。

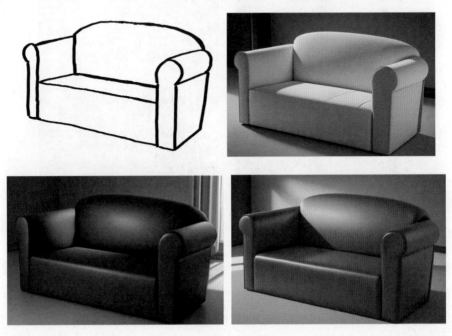

图 8-7

图 8-8

图 8-9

按照以上两种方式生成的图片可以满足我们的大部分需求，如果想生成某种固定款式的家具，则还可以将该款式的家具图片素材训练成 LoRA 模型。训练流程请参考第 6 章，这里不再赘述，仅讲解训练实物的方法，如下所述。

（1）图片素材拍摄：图片素材对训练结果起到决定性的作用，所以拍摄环节非常重要。这里推荐使用较好的摄影设备对某型号的家具（例如沙发）进行拍摄。要求从各个角度进行拍摄，并且搭配不同的环境光，拍摄 30～50 张。如果该型号的家具有多种颜色，则需要对每种颜色都拍摄 30～50 张。拍摄完成后，需要修剪并截取成 512×768 或 768×768 分辨率的图片。

（2）数据预处理：如果该型号的家具有多种颜色，则可以将家具图片按颜色分类存储。例如，把黑色沙发图片放入 40_sofaBlack 文件夹，把红色沙发图片放入 40_sofaRed 文件夹，把白色沙发图片放入 40_sofaBlack 文件夹，以此类推，如图 8-10 所示。如果只有一种颜色，则把全部图片素材都放入一个文件夹中即可。

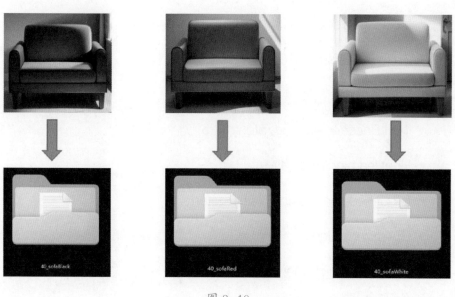

图 8-10

（3）数据打标：使用 Tagger 插件进行数据预处理后，无须删除 tag，如果该型号的家具有多种颜色，则需要设置不同的触发词。这里可以根据沙发的颜色来设置不同的触发词。例如，在由黑色沙发图片生成的每个文本文件的开头都添加"sofaBlack"，在由红色沙发图片生成的每个文本文件的开头都添加"sofaRed"，在由白色沙发图片生成的每个文本文件的开头都添加"sofaWhite"。

（4）训练参数规划：假设对每种颜色的沙发都拍摄了 30 张图片素材，则训练参数如下（参数仅供参考，需要针对具体情况进行具体分析）。

- 底模型：sd1.5。

- batch size：2（对于高端显卡，可以填写 4 或 8）。

- repeat：10。

- epoch：20。

- 总步数：30×10×20/2=3000（步）。

- Save every N epochs：1。

- Mixed precision：fp16。

- Save precision：fp16。

- Learning rate：1e-4。

- Text Encoder learning rate：1e-5。

- Unet learning rate：1e-4。

- LR Scheduler：cosine_with_restarts。

- Optimizer：Lion。

- Network Rank Dimension：64。

- Network Alpha：32。

- Shuffle caption：勾选。

- Keep n tokens：1。

- Clip skip：1。

- Enable buckets：当图片素材的分辨率不统一时，需要勾选该参数。

对于其他参数，保持其默认值即可。在训练完成后会得到 20 个模型，需要逐个测试这 20 个模型并挑选出最佳模型。最终会得到一个能够生成同一型号但颜色不同的沙发的 LoRA 模型。

使用本节的方案生成的图片素材，既可用作家具设计图，也可以为设计师提供灵感。将其简单修图与包装后，就可以交付用户。

8.2 AI 插画与插图

随着科技的进步，AI 绘画在插画行业中也展现出了强大的潜力。插画作为视觉设计的重要组成部分，其任务是创作画风独特的视觉作品，这意味着插画师在创作过程中要保持画风统一，以达到作品的视觉统一性。同一个公司在配插图时，时常会面临画风不统一的问题，在这种情况下，AI 绘画为插画行业带来了新的发展机遇。

8.2.1 需求分析

在插画创作过程中，插画师经常有以下困扰。

- 如何保持画风统一：在绘制插画项目时，保持画风统一最为重要。然而，这需要艺术家投入大量的时间与精力，导致创作成本增加。

- 复杂的协作流程：当项目需要多名艺术家共同完成时，如何协调和沟通成为插画过程中的一大挑战，而且容易导致项目延期。

- 改版与调整：在应对用户需求和满足市场变化的过程中，插画师需要随时调整作品，而频繁地调整作品同样会拉长项目周期。

AI 绘画可以帮助插画师有效地应对这些困扰。它可以通过深度学习来理解和学习人类艺术家的创作方式，从而生成具有相似风格的插画或插图。相较于传统的人工绘画技术，AI 绘画在插画行业中的应用具有以下优势。

- 可以保持画风统一：AI 绘画这种技术深入理解艺术家的创作风格，可以生成画风高度统一的插图作品，解决画风不统一的问题。

- 可以提高创作效率：将 AI 绘画辅助创作，可以在短时间内完成大量插画作品，产能极高而且成本低；并且能进一步减少修改和返工的工作量，缩短项目周期。

- 拥有强大的创新能力：基于深度学习技术，AI 绘画不仅可以模仿现有的画风，还可以不断迭代且融合其他画风，提高插画师在插画行业中的竞争力。

但是，AI 绘画在生成插画方面的劣势同样明显，在某些方面仍然无法取代传统插画师，举例如下。

- 在创意方面无法完全取代插画师，无法展现插画师的独特创意和情感。

- 在审美和想象力方面，AI 绘画依然难以超越人类艺术家。

- 生成的插画随机性较大，往往需要生成大量图片，才能挑选出质量合格的少量图片。

所以，AI 绘画仍面临技术与观念上的双重挑战。在短期内，AI 绘画将更多地充当辅助工具的角色，协同插画师完成插画创作。

综上所述，AI 绘画在插画行业中具有巨大的潜力，有望在保持画风统一、提高生成效率、拓宽市场等方面带来前所未有的影响。尽管它目前还无法完全取代传统人工绘画技术，但将改变插画行业的未来格局，并为艺术家带来全新的创作体验。因此，AI 绘画与传统手工绘画相结合，将成为未来插画行业发展的一个重要趋势，通过降低成本、提高效率、保持画风统一，最终推动插画行业的持续发展。

8.2.2　定制设计方案

LoRA 模型同样支持画风训练，通过选择画风统一的图片素材来训练一个 LoRA 模型，可以很好地解决画风不统一的问题。其训练流程参考第 6 章，这里主要讲解如何进行画风训练，如下所述。

（1）准备图片素材：训练用的图片素材可以由指定的插画师绘制，也可以通过 AI 绘画生成。注意，一定要保证画风统一。这里使用 Stable Diffusion 生成了一些国风水彩画素材，如图 8-11 所示。

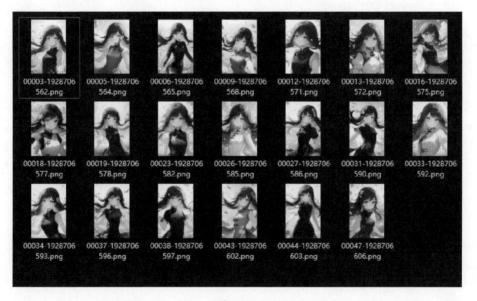

图 8-11

（2）数据预处理与打标：所有图片素材都需要被剪裁为 512×768 或 768×768 分辨率，将其放在一个文件夹中，使用 Tagger 进行预处理即可。在训练画风类的 LoRA 模型时，无须打标，也不用设置触发词。

（3）训练参数规划：进行画风训练，一般需要 3000 步左右，在图片素材数量为 50 张时，训练参数如下（参数仅供参考，需要针对具体情况进行具体分析）。

- 底模型：sd1.5。

- batch size：2（对于高端显卡，可以填写 4 或 8）。

- repeat：7。

- epoch：25。

- 总步数：50×7×25/2=4375（步）。

- Save every N epochs：1。

- Mixed precision：fp16。

- Save precision：fp16。

- Learning rate：1e-4。

- Text Encoder learning rate：1e-5。

- Unet learning rate：1e-4。

- LR Scheduler：cosine_with_restarts。

- Optimizer：Lion。

- Network Rank Dimension：128。

- Network Alpha：64。

- Shuffle caption：勾选。

- Keep n tokens：0。

- Clip skip：2。

- Enable buckets：当图片素材的分辨率不统一时，需要勾选该参数。

对于其他参数，保持其默认值即可。在训练完成后会得到 25 个模型，需要逐个测试并挑选出最好的模型，并进行下一步的优化。

（4）模型优化：对于画风类的 LoRA 模型，我们只需保留其上色风格和背景，所以这里推荐通过分层方式适当降低输入层的权重，并进行重新合并。

（5）来到 SuperMerger 界面，首先单击屏幕右下方的橙色按钮"update list"进行刷新，然后可以看到待合并的模型。因为 WaterColor_Mix 的维度是 128，所以对"limit dimension"参数也要勾选"128"选项。又因为上色风格和背景一般被存储在模型的输出层中，所以这里使用 OUTALL 预设。最后输入新的文件名，单击"Merge LoRAs"按钮即可，如图 8-12 所示。

图 8-12

在这个界面还可以合并多个 LoRA 模型，以达到融合画风的效果。操作流程一样，但是一般不推荐合并三个以上的模型。

8.2.3 应用场景

使用上述训练好的 LoRA 模型搭配不同的提示词和参数，可以稳定生成各类水彩画风的图片，如图 8-13~图 8-15 所示。

图 8-13

图 8-14

图 8-15

同理，按照本节的流程还能训练出扁平化、油画、水墨画、手绘、素描等多种画风的模型，如图 8-16~图 8-18 所示。另外，我们可以在模型共享网站下载不同的画风类模型直接使用，如图 8-19所示。

图 8-16

图 8-17

图 8-18

图 8-19

8.3　AI 宠物

现在，越来越多的人开始饲养宠物，宠物摄影也被广泛应用于宠物店装饰、宠物用品包装设计等行业。本节将通过实际案例探讨 AI 绘画在宠物行业中的应用潜力和未来发展前景。

8.3.1　需求分析

在宠物摄影过程中往往存在以下问题。

- 控制难度大：与拍摄人物相比，我们很难让宠物按照我们期望的方式拍摄照片，并且无法让其完成一些特定的动作或姿势。

- 性格差异：每种宠物的性格差异都较大，导致在拍摄过程中不确定性增加，耗费时间和成本。

- 拍摄环境要求高：拍摄宠物照片需要合适的环境、布景和采光，比如背景光线柔和、没有干扰性物体等。

- 成本较高：租用一些名贵宠物的成本较高。

通过 AI 绘画生成宠物图片素材有以下好处。

- 快速、高效：可以快速生成高质量的宠物图片素材，减少时间和成本投入。

- 个性化：需求方可以根据自己的想法定制独特的宠物图片。

- 图片素材量大：能生成很多种类的宠物图片素材，可以满足各种场景中的需求，同时能降低成本。

通过 AI 绘画生成宠物图片素材的劣势也非常明显。目前市面上主流的 AI 绘画模型对于生成宠物图片支持较差，所以在生成宠物图片时会有更大的随机性；并且生成的宠物图片与实拍的宠物图片在真实性上仍然有一定的差距。相信随着技术的不断发展，AI绘画在宠物行业中将具有更广阔的应用前景。

8.3.2　定制设计方案

我们可以通过文生图的方式快速生成各个品种的宠物图片，将这些图片直接作为素材使用。出图参考如下。

- 底模型：neverendingDream（NED），这个底模型特别适合生成动物类的图片。

- 正面提示词参考：(extremely fine and beautiful),(perfect details),(unity CG 8Kwallpaper:1.05),(((animal,1cat,realistic,animal_focus,white cat,blue eyes))),solo,(masterpiece),(illustration:1.2),garden, grassland,flowers,shining,best light。其中文翻译是"（极为精细和美丽），（完美的细节），(CG 8K墙纸:1.05),(((动物，一只猫，逼真，以动物为焦点，白色猫，蓝色眼睛))),solo,（杰作），（插图:1.2),花园，草地，鲜花，闪耀，最佳光线"。其中，对于动物类型、品种、毛色和眼睛颜色等方面的单词，可以自行按需替换。同样，我们可以轻松地给宠物穿上衣服或其他装饰品。

- 负面提示词：bad face,bad anatomy,bad proportions,bad perspective, multiple views,concept art,reference sheet,mutated hands and fingers,interlocked fingers,twisted fingers,excessively bent fingers,more than five fingers,lowres,bad hands,text,error,missing fingers,extra digit,fewer digits,cropped,worst quality,low quality,normal quality,jpeg artifacts,signature,watermark,username, blurry,artist name,low quality lowres multiple breasts,low quality lowres mutated hands and fingers,more than two arms,more than two hands,more than two legs,more than two feet,low quality lowres long body,low quality lowres mutation poorly drawn,low quality lowres black-white,low quality lowres bad anatomy,low quality lowres liquid body,low quality lowres liquid tongue,low quality lowres disfigured,low quality lowres malformed,low quality lowres mutated,low quality lowres anatomical nonsense,low quality lowres text font ui,low quality lowres error,low quality lowres malformed hands,low quality lowres long neck,low quality lowres blurred,low quality lowres lowers,low quality lowres low res,low quality lowres bad proportions。

- 参数：参数设置如图 8-20 所示。

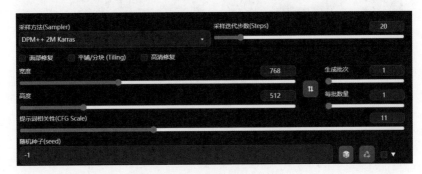

图 8-20

可生成的图片如图 8-21、图 8-22 所示。

图 8-21

图 8-22

　　另外，在给宠物拍照的过程中，很难让宠物保持一个特定的姿势，对于难度较大的姿势，根本无法实现。这时，借助 ControlNet 插件的姿态检测功能模型，可以很好地解决这一问题，甚至可以呈现一些宠物根本无法摆出的姿势。具体操作流程请参考 7.1 节，这里不再赘述，仅展示效果，如图 8-23 所示。

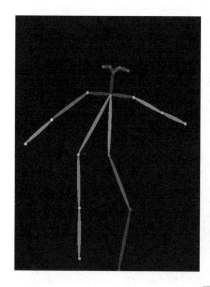

图 8-23

在使用 ControlNet 插件的线条提取与上色功能时，只需上传简单的宠物线稿，即可根据线稿生成对应的宠物图片，而且可以随意改变品种、毛色等。具体操作流程请参考 7.2 节，这里不再赘述，仅展示效果，如图 8-24、图 8-25 所示。

图 8-24

图 8-25

按照以上方式生成的图片已经可以满足我们的大部分需求，我们还可以把指定的宠物图片素材训练成 LoRA 模型，使用这个模型生成图片并将其交付给用户。具体操作流程请参考第 6 章，这里不再赘述，仅讲解训练宠物的方案。

（1）宠物图片素材拍摄：虽然给宠物拍照比较麻烦，但一劳永逸，把该宠物图片素材训练成模型后就不需要再拍摄了。这里推荐使用较好的摄影设备对指定的宠物进行拍摄，要求：从各个角度拍摄，并且搭配不同的环境光；拍摄 30~50 张，近照占 70% 左右，全身照占 30% 左右；所有拍摄素材都要覆盖宠物身体的每一个部位，包括爪子、尾巴等；在拍摄之前需要给宠物洗澡并且修剪毛发，在拍摄完成后需要将图片裁剪并截取成 512×768 或 768×768 分辨率。

（2）在使用 Tagger 进行数据预处理后，无须删除 tag，需要在每个文本文件的开头都添加一个自定义的单词作为触发词。推荐按照 "a xxx 分类" 格式来填写触发词，"xxx" 指的是一个自定义的单词，分类指的是宠物类别。注意，触发词的填写不考虑英文语法，例如 "a myTest cat"。

（3）训练参数规划：假设图片素材有 50 张，训练参数如下（参数仅供参考，需要针对具体情况进行具体分析）。

- 底模型：chilloutmix。

- batch size：2（对于高端显卡，可以填写 4 或 8）。

- repeat：10。

- epoch：15。

- 总步数：50×10×15/2=3750（步）。

- Save every N epochs：1。

- Mixed precision：fp16。

- Save precision：fp16。

- Learning rate：1e-4。

- Text Encoder learning rate：1e-5。

- Unet learning rate：1e-4。

- LR Scheduler：cosine_with_restarts。

- Optimizer：Lion。

- Network Rank Dimension：64。

- Network Alpha：32。

- Shuffle caption：勾选。

- Keep n tokens：1。

- Clip skip：1。

- Enable buckets：当图片素材的分辨率不统一时，需要勾选该参数。

对于其他参数，保持其默认值即可。在训练完成后会得到 15 个模型，需要逐个测试并挑选出性能最好的模型。

8.3.3 包装与设计

通过以上方式生成的宠物图片素材，经过简单加工，就能形成各类可商用的图片，包括但不限于宠物用品包装、海报、宠物店装饰等。

8.4 原创 IP 角色

随着时代的发展，原创 IP 角色在娱乐产业中正以愈加迅猛的势头发展，在游戏、动漫、商业设计等行业中也有着非常广泛的应用。本节将通过实际案例来探讨能否在没有美术基础的情况下，通过纯 AI 绘画的方式打造原创 IP 角色。

8.4.1　需求分析

原创 IP 角色在市场中的需求如下。

- 个性化：消费者热衷于体验个性化的原创 IP 角色，追求自我表现和独特的价值观。原创 IP 角色能满足这种需求，同时吸引不同年龄层的用户群体。

- 品牌价值：原创 IP 角色通过具有特色的故事线和世界观树立独有品牌形象，进而影响用户的购买及传播行为，可提升品牌知名度。

- 商业变现：原创 IP 角色可以跨足影视、动画、游戏、衍生品等多个领域来实现商业变现，相关产业链愈加丰富。

在实际工作中，原创 IP 角色一般由原画师负责设计，在设计的过程中往往存在以下问题。

- 成本高：请原画师设计和制作原创 IP 角色涉及版权、设计费等多方面费用，成本往往较高。

- 速度慢：原画师在设计时需要与用户充分沟通、循环修改，耗时往往较长，不利于将作品快速推向市场。

- 创作风格局限：如果与某个原画师合作且受制于其个人风格，则可能在一定程度上限制 IP 角色在类型及风格上的创新。

通过 AI 绘画制作原创 IP 角色有以下优势。

- 成本低：可大幅降低成本，提高效率，甚至无须美术基础。

- 响应速度快：速度较快，可灵活应对市场需求的迅速变化。

- 创意无限：能吸纳及处理大量数据，提供更多元、创新的设计方案。

但是 AI 绘画这种技术难以完全捕捉人类原画师的情感及细微表现力，可能影响原创 IP 角色的包容度与广泛认同度。综上所述，原创 IP 角色在市场中的需求愈发显著。而厂商在选择创作方式时，可结合实际情况，权衡成本、时间、创意等多方面利弊，选择与传统原画师合作或结合 AI 绘画等。

8.4.2　定制设计方案

在没有任何美术或设计基础的情况下，能否通过纯 AI 绘画的方式来打造一个原创 IP 角色呢？答案是肯定的。具体流程参考如下。

（1）确定角色和人设：比如，这里确定角色名为"陈若柠"，人设为"13 岁，知性少女，喜欢读书，喜欢中国传统文化"。

（2）首先根据角色和人设来设计提示词和参数，然后生成图片素材。图片素材分为两类，第 1 类是 512×768 分辨率的半身照和少量全身照，第 2 类是 512×512 分辨率的大头照。对图片素材的具体要求请参考 6.2 节。提示词与参数如下。

- 底模型：realdoxmix。

- 正面提示词：(((child,loli ,loli face,cute,yong))),(((upper body))),((((black hair)))),(solo:1.5),((extremely detailed)),((detailed face)),illustration,(((masterpiece))),(((best quality))),((((extremely delicate and beautiful)))),ultra-detailed,(((beautiful detailed eyes))),(((qipao))),(cheongsam),smile,long hair,beautiful detailed eyes,beautiful detailed hair,(((flying petals))),((((floating hair)))) ,(((flowing))),clear face,garden,grassland,flowers。

> 正面提示词翻译：(((小孩子，萝莉，萝莉脸，可爱，年轻))),(((上半身))),((((黑发)))),(单人 :1.5),((极度详细)),((充满细节的脸)), 插图 ,(((杰作))),(((最佳品质))),(((极度精致和美丽)))), 超详细 ,(((漂亮且充满细节的眼睛))),(((旗袍))),(长衫), 微笑，长发，漂亮且充满细节的眼睛，漂亮且充满细节的眼睛和头发 ,(((飞舞的花瓣))),((((飘逸的头发)))),(((流动)))，清晰的脸，花园，草原，鲜花。
>
> 正面提示词的大致含义为：在极高的画质下画一个穿着旗袍的长发少女，背景是一座花园，空中有飞舞的花瓣。

- 负面提示词 : bad face,bad anatomy,bad proportions,bad perspective, multiple views,concept art,reference sheet,mutated hands and fingers,interlocked fingers,twisted fingers,excessively bent fingers,more than five fingers,lowres,bad hands,text,error,missing fingers,extra digit,fewer digits,cropped,worst quality,low quality,normal quality,jpeg artifacts,signature,watermark,username, blurry,artist name,low quality lowres multiple breasts,low quality lowres mutated hands and fingers,more than two arms,more than two hands,more than two legs,more than two feet,low quality lowres long body,low quality lowres mutation poorly drawn,low quality lowres black-white,low quality lowres bad anatomy,low quality lowres liquid body,low quality lowres liquid tongue,low quality lowres disfigured,low quality lowres malformed,low quality lowres mutated,low quality lowres anatomical nonsense,low quality lowres text font ui,low quality lowres error,low quality lowres malformed hands,low quality lowres long neck,low quality lowres blurred,low quality lowres lowers,low quality lowres low res,low quality lowres bad proportions,low quality lowres bad shadow,low quality lowres uncoordinated body,low quality lowres unnatural body,low quality lowres fused breasts,low quality lowres bad breasts,low quality lowres huge breasts,low quality lowres poorly drawn breasts,low quality lowres extra breasts,low quality lowres liquid breasts,low quality lowres heavy breasts,low quality lowres missing breasts,low quality lowres huge haunch,low quality lowres huge thighs,low quality lowres huge calf,low quality lowres bad hands,low quality lowres fused hand,low quality lowres missing hand,low quality lowres disappearing arms,low quality lowres disappearing thigh。

- 参数 : 参数设置如图 8-26 所示。

图 8-26

（3）按照上面的提示词和参数生成大量的半身照，挑选出高质量并且面部相似的图片作为素材，每生成 100 张大约能挑选出 5 张。挑选完成后把半身照存储在一个文件夹中，将文件夹命名为"7_chenruoning"，如图 8-27 所示。

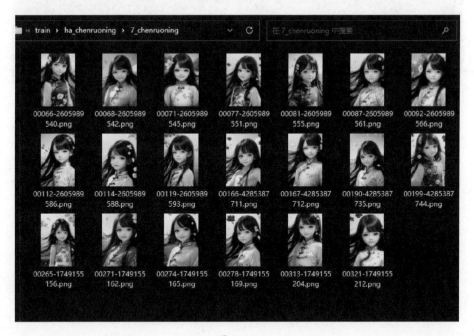

图 8-27

（4）将上述正面提示词中的"upper body"改为"closed-up"，将参数中的分辨率改为 512×512，然后生成大量的大头照。同样挑选出高质量和面部相似的大头照作为图片素材，将其存储在另一个文件夹中，将该文件夹命名为"7_head"，如图 8-28 所示。

图 8-28

（5）进行图像预处理：使用 Tagger 插件分别对两个文件夹中的图片素材进行反推处理，具体操作流程请参考 6.3 节。

（6）进行数据标注：使用数据集标签编辑器分别对两个文件夹中的文本文件进行打标，需要删除描述人物特征的单词，例如 black hair、black eyes、long hair 等。

（7）规划训练参数，训练参数如下（参数仅供参考，需要针对具体情况进行具体分析）。

- 底模型：sd1.5。

- batch size：2（对于高端显卡，可以写 4 或 8）。

- repeat：7。

- epoch：15。

- Save every N epochs：1。

- Mixed precision：fp16。

- Save precision：fp16。

- Learning rate：1e-4。

- Text Encoder learning rate：1e-5。

- Unet learning rate：1e-4。

- LR Scheduler：cosine_with_restarts。

- Optimizer：Lion。

- Network Rank Dimension：64。

- Network Alpha：32。

- Shuffle caption：勾选。

- Keep n tokens：1。

- Clip skip：2。

- Enable buckets：当图片素材的分辨率不统一时，需要勾选该参数。

对于其他参数，保持其默认值即可。在训练完成后会得到 15 个模型，需要逐个测试并挑选出性能最好的模型。

8.4.3 应用场景

在模型训练完成后，搭配不同的底模型和参数，可以稳定生成如图 8-29、图 8-30 所示的图片。

图 8-29

图 8-30

8.5 自媒体运营

自媒体行业的快速崛起催生了大批自媒体运营人员，他们不仅需要用文字展示自己的独特见解和精彩观点，还需要用图片、音频、视频等多种形式的素材来吸引和留住用户。图片作为一种被广泛应用的素材，可以丰富自媒体的内容表达力，提升用户的阅读体验和关注度。

8.5.1 需求分析

自媒体运营人员在创作过程中往往需要大量的图片素材，对其需求分析如下。

- 内容创作：在策划和创作内容时，合适的图片素材能够使文章或视频更加生动、丰富，有助于引导用户阅读，增加用户的页面停留时间。

- 平台推广：各类自媒体平台（如微信、微博、知乎、简书等）都要求自媒体运营人员提供一张或多张封面图。选择符合平台规范和吸引人的封面图，能够提高曝光率，带来更多的关注、点赞和分享。

- 节日或特殊活动：在节日或特殊活动之际，自定义且具有主题性的图片通常比老套的图片素材更具吸引力。这时，自媒体运营人员需要快速找到或制作独特的节日图片。

- 图文成片：各大短视频平台近期都在推广"图文成片"，这是一种图片加配乐的表现形式，在制作"图文成片"的过程中同样需要大量的图片素材。

在图片素材需求日益增多的情况下，自媒体运营人员通常采用在线搜索、图片素材购买、自行绘制等方式来获取所需的图片。这却存在一定的弊端，如下所述。

- 时间消耗：搜索和挑选图片是一项耗时且烦琐的工作，即便借助图片搜索引擎，也不容易在海量图片素材中找到满足特定主题和要求的图片。

- 版权问题：很多在线图片素材并非免费且需要得到授权才能使用，而在征求作者同意后使用的过程中，可能会遇到无法联系到作者或者售价过高的问题，这使得对图片素材的获取非常不便。

- 创意受限：自行绘制图片素材需要一定的艺术功底，更重要的是，这需要花费大量的时间和精力。而且，非专业人员即使具备一定的设计能力，其创作的作品也很难完全符合自媒体运营的要求和个性化需求。

现在，AI 绘画逐渐成为自媒体运营人员的利器，为自媒体运营人员提供了新的选择。

通过 AI 绘画生成自媒体图片素材的优势如下。

- 高效：相较于传统方法，通过 AI 绘画能够快速生成大量图片素材，大大减少筛选图片素材所需的时间。

- 个性化：通常可以根据用户的需求随机生成个性化的图片，避免模板化和重复。特别是对于一些特定主题和场景，有其独特的优势。

- 低成本：可以避免因图片素材问题导致的版权纠纷和费用支出，可节省自媒体运营开支。

- 学习迭代：可以根据实际应用中的反馈和需求，不断调整和优化自己的算法，提高绘画质量。

但是通过 AI 绘画生成图片素材也存在以下劣势。

- 艺术表达的缺失：生成的图片素材可能无法完全符合自媒体运营人员对某些特定风格和元素的要求，也可能缺乏创意和情感表达力。

- 技术成熟度：生成图片时随机性较大，并且对细节的把握不够理想，还有很大的提升空间。

- 缺乏特色：使用相似的提示词生成的图片大同小异，导致内容缺乏特色和吸引力。

总的来说，相比传统方式，通过 AI 绘画生成图片素材具有比较明显的优势。

8.5.2 定制设计方案

进行图文视频的制作，可以参考以下流程。

（1）准备素材：从平台上收集热门话题或者独特的主题作为图文视频的核心，同时确定图片素材的大致内容和画风，在必要时自行训练模型。

（2）文案策划：根据图片的风格与主题编写恰当的文案。

（3）配乐与配音：根据视频主题选择合适的背景音乐，录制或者选择合适的配音。

（4）发布与推广：在短视频平台上发布视频并进行推广，可通过标签、分享和互动等吸引更多用户关注。

接下来看两个具体的案例。

8.5.3 案例一

标题：童年的乡村景色

文案参考：

人们常说，童年有最美好的故事。然而，你是否想过让一个 AI 艺术家把童年的乡村景色呈现在你眼前呢？在这个短视频中，我们将通过 AI 绘画，走进一个栩栩如生的童年世界，探寻隐秘的神奇角落，一起来感受这份全新的美好，领略无人涉足的奇幻之旅。

准备好配图，如图 8-31、图 8-32 所示。

图 8-31

图 8-32

接下来将生成的图片制作成图文视频，即可将其发布到各大短视频平台。

8.5.4 案例二

标题：中国的传统剪纸艺术

文案参考：

自古以来，中国的传统剪纸艺术便扎根于神秘、璀璨的东方大地。源远流长的剪纸文化，捕捉着生活的风景，传承着民间的智慧，以极富韵味的视觉形象书写千年华夏史诗。世代艺术家们在纸张的世界里尽情挥洒，把神秘、繁华的民间故事细腻地凝结在剪纸作品中，呈现的不仅是传统审美的韵味，更是一种独特的文化印记。

中国的传统剪纸艺术，无论是精妙的线条还是丰富的传统图案，皆展现出一种寓意深远的美学。每一幅作品都诠释着故事和寓言，彰显了中华民族神秘、深邃的文化底蕴。在春节期间，窗花、祈福图案的剪纸装点着千家万户的庭院，寄托着民间情感，让岁月清流中的艺术永葆青春。

今天，享誉世界的中华传统剪纸艺术，始终保持着其独特魅力和最初的风格。随着世界范围内对中国文化的关注度日益提高，剪纸艺术已然成为一张名片，展示着中国传统艺术精髓，并赋予了我们一种延续生命的新生力量。让我们共同珍惜这份瑰宝，传承有古老神韵的华夏备忘录，继续谱写中华民族的璀璨传奇。

注意，因为大部分底模型都无法很好地呈现和还原剪纸风格的图片，所以这里需要自行训练剪纸风格的模型。训练流程可参考第 6 章，这里主要介绍当图片素材较少时应该如何处理。

（1）准备图片素材：这里使用实体的剪纸素材，将其扫描至计算机并且做简单的调色处理，如图 8-33 所示。

图 8-33

（2）进行数据预处理与打标：将所有图片素材都剪裁至 512×768 或 768×768 分辨率，并将其放在一个文件夹中，使用 Tagger 进行预处理。在将该模型按画风训练的思路来训练时，无须打标，也无须设置触发词。

（3）训练参数规划：对该模型的训练需要 3000 步左右，由于图片素材较少，仅有 12 张，所以训练参数如下（参数仅供参考，需要针对具体情况进行具体分析）。

- 底模型：sd1.5。

- batch size：1。

- repeat：10。

- epoch：30。

- 总步数：12×10×30/1=3600（步）。

- Save every N epochs：2。

- Mixed precision：fp16。

- Save precision：fp16。

- Learning rate：7e-5。

- Text Encoder learning rate：8e-6。

- Unet learning rate：7e-5。

- LR Scheduler：cosine_with_restarts。

- Optimizer：Lion。

- Network Rank Dimension：128。

- Network Alpha：64。

- Shuffle caption：勾选。

- Keep n tokens：0。

- Clip skip：2。

- Enable buckets：当图片素材的分辨率不统一时，需要勾选该参数。

对于其他参数，保持其默认值即可。在训练完成后会得到 25 个模型，需要逐个测试并挑选出性能最好的模型，并进行下一步优化。

（4）模型优化：对于画风类的 LoRA 模型，该模型仅用于呈现剪纸画风，所以这里推荐通过分层的方式适当降低输入层的权重，并进行重新合并。合并的流程可参考 8.2.3 节，这里不再赘述。

（5）搭配不同的提示词、参数或底模型，即可生成图文视频所需的配图，如图 8-34 所示。

图 8-34

8.5.5　案例三

使用 Stable Diffusion 不仅能生成图片，还能生成视频。接下来讲解如何使用 Stable Diffusion 生成短视频。

在制作 AI 短视频之前，先讲解与视频相关的概念和理论知识。

- 视频：将一系列静态图片按顺序快速播放，根据人眼视觉暂留原理，当每秒播放超过 24 张图片时，图片的变化看上去就是平滑、连续的，这样的连续画面就叫作视频。视频文件通常由两部分组成：一部分是连续的画面（视频流），另一部分是伴随着画面的声音（音频流）。生活中常见的视频有电影、电视剧、短视频、广告等。

- 分辨率：可以细分为显示分辨率、图像分辨率、打印分辨率和扫描分辨率等。在通常情况下，图像或视频的分辨率越高，所包含的像素就越多，图像或视频就越清晰。传统的标清电视分辨率是 720×480（NTSC）或 720×576（PAL），现在的高清电视分辨率是 1280×720（720P）、1920×1080（1080P）、3840×2160（4K）、7680×4320（8K）等。分辨率越高，视频文件越大。

- 比特率：又叫作二进制位速率，即码率，表示单位时间内传送的比特数，用于衡量数字信息的传送速度，常写作 bit/sec（bps）。根据每帧图像存储时所占的比特数和传输比特率，可以计算数字图像信息的传输速度。在视频中，比特率指的是视频中画面和声音压缩后的数据量。比特率越高，存储的信息越丰富，画面质量也更高。不过较高的比特率也意味着视频文件会更大。

- 采样率：主要针对音频部分，指的是每秒的音频信号采样次数，通常有 44.1kHz（CD 品质）、48kHz（DVD 品质）等。采样率越高，音频信号越接近原始声音，音质越好。

- 帧率（Frame Rate）：指以帧为单位的图片连续出现在显示器上的频率（速率），以赫兹（Hz）表示，单位为 fps。帧率通常有 24fps、25fps、30fps、60fps 等。帧率越大，画面越流畅。

- 视频编码：指通过特定的压缩技术，将某种视频格式转换成另一种视频格式。常见的编码标准有 MPEG 系列（如 MPEG-2、MPEG-4）、H.26x 系列（如 H.264、H.265）等。

- 视频封装格式：视频封装格式在本质上是视频编码方式，就是将已经编码处理的视频数据、音频数据及字幕数据按照一定的方式放到一个文件中。我们看到的大部分视频文件，除视频数据外，还包括音频、字幕等数据。为了将这些数据有机地组合在一起，就需要一个容器进行封装，这个容器就是封装格式。视频封装格式是一种包含音视频数据的文件结构，它将各部分数据按照约定的格式封装起来，以保证相关设备和播放器能够正确解析并播放。常见的视频封装格式有 MP4、MKV、AVI、MOV 等。

接下来使用 Premiere 创建一条竖屏的短视频。启动 Premiere，依次单击"文件 (F)""新建 (N)""项目 (P)..."菜单，如图 8-35 所示。

图 8-35

新建一个序列，依次单击"文件(F)""新建(N)""序列(S)..."菜单，如图8-36所示。

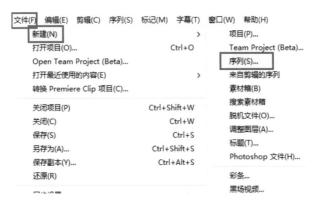

图 8-36

依次单击"序列 (S)""序列设置 (Q)..."菜单，可以修改序列的属性，如图 8-37 所示。

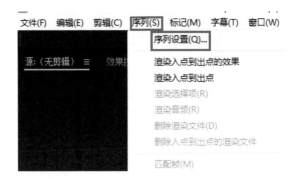

图 8-37

为了让视频更好地适配各大短视频平台，推荐按照图 8-38 所示来设置序列的属性。

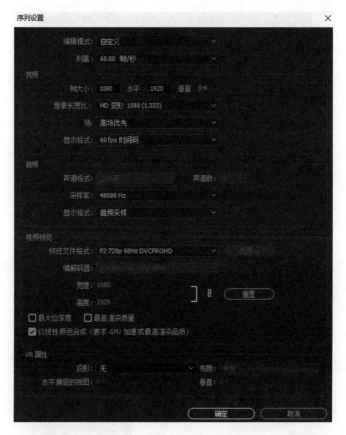

图 8-38

双击左下角素材区的空白处可以导入素材，如图 8-39 所示。

图 8-39

选中素材，按住鼠标左键，将素材拖拽至右侧的时间线上，即可开始剪辑素材，如图 8-40 所示。

图 8-40

完成剪辑后，依次单击"文件 (F)""导出 (E)""媒体 (M)..."菜单，即可导出剪辑好的视频，如图 8-41 所示。

图 8-41

导出时的参数设置可以参考图 8-42 所示,在参数设置完成后单击下方的"导出"按钮即可。

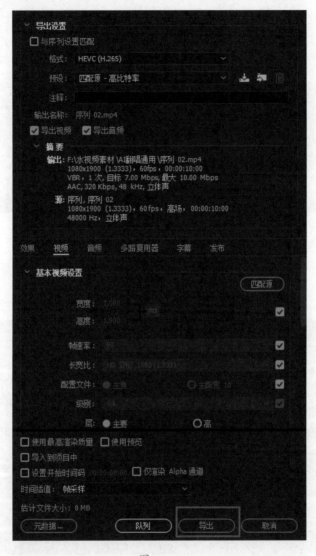

图 8-42

启动 Stable Diffusion,在页面导航区单击"mov2mov"选项卡,来到 mov2mov 插件的主界面(需要安装 mov2mov 插件,该插件的下载方式参见本书封底的"读者服务"),上传刚才导出的视频,如图 8-43 所示。

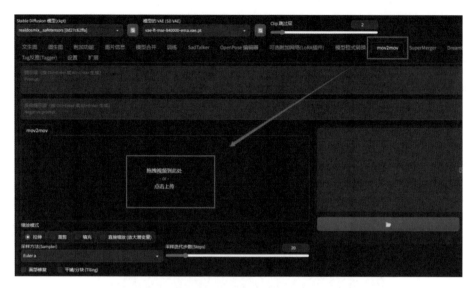

图 8-43

可以按需编写正面提示词和负面提示词，对参数的设置可以参考图 8-44 所示。

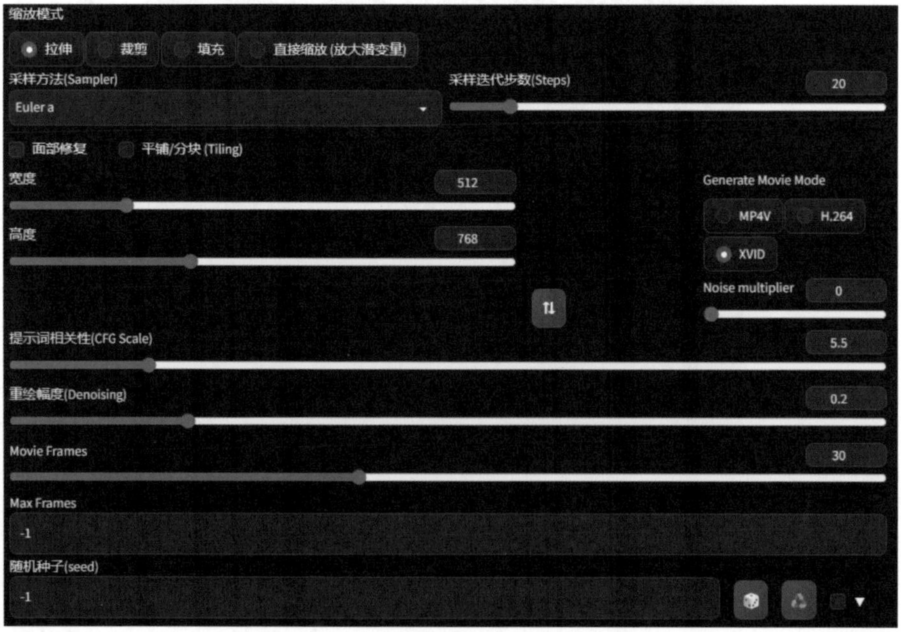

图 8-44

下面讲解其中涉及的重点参数。

- 采样迭代步数（Steps）：推荐将其填写为 20，步数过多会导致渲染时间变长。

- 宽高比：根据自己的计算机配置来填写。对于中等配置的计算机，推荐将宽度填写为 512，将高度填写为 768。

- Generate Movie Mode：推荐选择"XVID"。

- 重绘幅度（Denoising）：填写的参数值越小，生成的 AI 视频就越接近原始视频。推荐将其填写为 0.2；如果填写的参数值过大，则会导致生成的 AI 视频频繁闪烁，大幅度降低观看体验。

- Movie Frames：生成视频的帧率，对于中端配置的计算机，推荐将其填写为 30。

另外，可以将 mov2mov 插件与 ControlNet 插件搭配使用，以增强 AI 视频的稳定性。把界面拉到底部，启用 ControlNet 插件即可，如图 8-45 所示。这里的 ControlNet 插件的使用方法与第 7 章相同，不再赘述。

Tiled Diffusion	◀
分块 VAE	◀
3D OpenPose 编辑器(Posex)	◀
可选附加网络(LoRA插件)	◀
ControlNet	◀
LoRA Block Weight	◀
潜变量成对	◀
脚本	
无	▾

图 8-45

单击该界面的"生成"按钮，如图 8-46 所示。

图 8-46

AI 视频的生成非常耗时，生成一条 AI 视频需要 1 到 5 小时不等，我们在生成 AI 视频时一定要耐心等待。

8.6　本章小结

现在，我们可以看到许多不同形式的 AI 绘画作品和服务，如本章的案例所示。可以发现，AI 绘画可以助力艺术家实现高效创作，带来更丰富的视觉体验，推动相关行业进入数字化时代。

然而，AI 绘画在实现商业落地的过程中仍面临一些挑战。

- 该技术目前尚未完全理解和掌握艺术的本质与创意。尽管现有的通过 AI 绘画生成的图片质量在逐步提高，但仍大大依赖人类艺术家的创意输入。

- 人们对 AI 绘画的接受程度有限，部分人仍对 AI 绘画表示质疑，需要时间来接受。

　　未来，AI 绘画的应用范围将更加广泛，人类艺术家将通过 AI 绘画，开创艺术的新纪元。

　　本书从基础知识出发，探讨了 AI 绘画的原理、技术、工具、应用及发展前景。希望我们能通过阅读本书，对 AI 绘画有更深的理解和认识，并且激发自己的创造力，更好地驾驭这一新兴技术，在尚在发展的 AI 绘画领域取得成就。

附录A

常用提示词
中英文对照表

 **画质**

画质方面的常用提示词中英文对照表如表 A-1 所示。

表 A-1

英　文	中　文
masterpiece	杰作
best quality	最佳质量
official art	官方艺术
extremely detailed CG	极为详细的 CG 图
unity 8k wallpaper	8K 壁纸

 **环境**

环境方面的常用提示词中英文对照表如表 A-2 所示。

表 A-2

英　文	中　文	英　文	中　文
day	白天	on a desert	沙漠
dusk	黄昏	in hawaii	夏威夷
night	夜晚	cityscape	城市景观
in spring	春季	landscape	风景
in summer	夏季	beautiful detailed sky	充满细节的美丽天空
in autumn	秋季	beautiful detailed water	美丽的充满细节的水面
in winter	冬季	on the beach	海滩上
sun	太阳	on the ocean	海洋上
sunset	日落	over the sea	海上
moon	月亮	beautiful purple sunset at beach	海滩上美丽的紫色日落
full_moon	满月	in the ocean	海洋中
stars	星星	against backlight at dusk	逆光在黄昏时
cloudy	多云	golden hour lighting	黄金时段照明
rain	雨	strong rim light	强烈的边缘光
snow	雪	intense shadows	强烈的阴影

续表

英 文	中 文	英 文	中 文
sky	天空	fireworks	烟花
sea	大海	flower field	花田
mountain	山	underwater	水下
the top of the hill	山顶	explosion	爆炸
in a meadow	草地	in the cyberpunk city	在赛博朋克风格的城市中
plateau	高原	steam	蒸汽朋克

A.3　风格

风格方面的常用提示词中英文对照表如表 A-3 所示。

表 A-3

英 文	中 文	英 文	中 文
artbook	画册	wallpaper	壁纸
game_cg	游戏 CG	pixel_art	像素艺术
comic	漫画	monochrome	单色
4koma	四格漫画	optical_illusion	视觉错觉
animated_gif	动画风格	fine_art_parody	艺术仿品
cosplay	角色扮演	sketch	素描
dark	黑暗	traditional_media	传统媒介
light	明亮	watercolor_(medium)	水彩画（媒介）
night	夜晚	silhouette	剪影
realistic	写实	covr	封面
photo	照片	album	专辑
real	真实	sample	样品
landscape/scenery	风景画	back	背面
cityscape	城市景观	bust	胸像
science_fiction	科幻	colorful	多彩
original	原创	profile	侧面像
personification	拟人	column_lineup	柱状阵列
checkered	格子纹	transparent_background	透明背景
lowres	低分辨率	simple_background	简单背景
highres	高分辨率	gradient_background	渐变背景

A.4　人物

人物方面的常用提示词中英文对照表如表 A-4 所示。

表 A-4

英　文	中　文	英　文	中　文
girl	女孩	elf	精灵
2girls	两个女孩	fairy	仙子
boy	男孩	female	女性
2boys	两个男孩	furry	兽人
solo	单独	orc	兽人
multiple girls	多个女孩	giantess	女巨人
little girl	小女孩	idol	偶像
little boy	小男孩	kemonomimi_mode	兽耳模式
shota	正太	magical_girl	魔法少女
loli	萝莉	maid	女仆
kawaii	可爱	mermaid	美人鱼
adorable girl	可爱的女孩	miko	巫女
bishoujo	美少女	minigirl	迷你女孩
gyaru	夏威夷女孩（日本）	monster	怪物
sisters	姐妹	ninja	忍者
male	男性	no_humans	无人
ojousama	大小姐	nun	修女
mature female	成熟女性	nurse	护士
mature	成熟	shota	正太
angel	天使	stewardess	空姐
cheerleader	啦啦队员	student	学生
chibi	Q 版	vampire	吸血鬼
crossdressing	异装	waitress	女服务生
devil	恶魔	witch	女巫
doll	玩偶	magical girl	魔法少女

A.5 发型

发型方面的常用提示词中英文对照表如表 A-5 所示。

表 A-5

英 文	中 文	英 文	中 文
very short hair	非常短的头发	forehead	额头
short hair	短发	drill hair	螺旋头发
medium hair	中长发	hair bun	发髻
long hair	长发	double_bun	双髻
very long hair	特长发	straight hair	直发
hair over shoulder	头发披在肩上	spiked hair	尖刺短发
blonde hair	金发	short hair with long locks	短发搭配长发
brown hair	棕发	low-tied long hair	低扎长发
black hair	黑发	asymmetrical hair	不对称发型
blue hair	蓝发	alternate hairstyle	不同的发型
purple hair	紫发	big hair	大发型
pink hair	粉发	hair strand	头发缕
white hair	白发	hair twirling	卷发
red hair	红发	pointy hair	尖发
grey hair	灰发	hair slicked back	头发向后梳
green hair	绿发	hair pulled back	头发向后拉
silver hair	银发	split-color hair	分色发
orange hair	橙发	braid	辫子
light brown hair	浅棕发	twin braids	双发辫
light purple hair	淡紫发	single braid	单发辫
light blue hair	浅蓝发	side braid	侧辫子
platinum blonde hair	白金色发	long braid	长辫子
gradient hair	渐变发色	french braid	法式辫子
multicolored hair	多色发	crown braid	头冠辫子
shiny hair	闪亮的头发	braided bun	编辫发髻
two-tone hair	双色发	ponytail	马尾巴
streaked hair	条纹发	braided ponytail	编辫马尾巴
aqua hair	水绿发	high ponytail	高马尾
colored inner hair	彩色内发	twintails	双马尾
alternate hair color	不同的头发颜色	short_ponytail	短马尾

续表

英 文	中 文	英 文	中 文
wet hair	湿发	twin_braids	双辫子
ahoge	凌乱头发	Side ponytail	侧马尾
antenna hair	天线头发	bangs	刘海
bob cut	短直发	blunt bangs	平整的刘海
hime_cut	公主头	parted bangs	分开的刘海
crossed bangs	交叉刘海	swept bangs	披散刘海
hair wings	头发形状像翅膀	asymmetrical bangs	不对称刘海
disheveled hair	凌乱的头发	braided bangs	编发刘海
wavy hair	波浪头发	long bangs	长刘海
curly_hair	卷发	bangs pinned back	固定的长刘海
hair in takes	头发扎起来	buzz cut	寸头

A.6 表情

表情方面的常用提示词中英文对照表如表 A-6 所示。

表 A-6

英 文	中 文	英 文	中 文
food on face	脸上有食物	laughing	大笑
light blush	微微脸红	teeth	牙齿
facepaint	脸部彩绘	excited	兴奋
makeup	化妆	embarrassed	尴尬
cute face	可爱的脸	shy	害羞
white colored eyelashes	白色睫毛	blush	脸红
long eyelashes	长睫毛	nose blush	鼻子发红
white eyebrows	白色眉毛	expressionless	无表情
tsurime	上翘眼	expressionless eyes	无表情的眼睛
gradient_eyes	渐变眼	sleepy	困
beautiful detailed eyes	美丽的充满细节的的眼睛	drunk	醉
tareme	垂眼	tears	眼泪
slit pupils	狭长瞳孔	crying with eyes open	睁眼哭泣
heterochromia	虹膜异色症	sad	伤心
heterochromia blue red	蓝红色异瞳	pout	嘟嘴

续表

英 文	中 文	英 文	中 文
aqua eyes	水绿色眼睛	sigh	叹气
looking at viewer	看向观众	wide-eyed	睁大眼睛
stare	凝视	angry	生气
visible through hair	透过头发可见	annoyed	恼火
looking to the side	向一侧看	frown	皱眉
constricted pupils	收缩的瞳孔	smirk	得意地微笑
symbol-shaped pupils	符号形状的瞳孔	serious	严肃
heart in eye	眼中的心形	jitome	凝视
heart-shaped pupils	心形瞳孔	scowl	怒视
wink	眨眼	crazy	疯狂
mole under eye	眼下的痣	dark_persona	黑暗人格
eyes closed	闭着眼	eyebrows raised	眉毛上扬
no_nose	没有鼻子	smug	沾沾自喜
fake animal ears	假动物耳朵	naughty_face	调皮的表情
animal ear fluff	动物耳朵绒毛	one eye closed	闭一只眼
animal_ears	动物耳朵	half-closed eyes	半闭之眼
fox_ears	狐耳	nosebleed	鼻血
bunny_ears	兔耳	eyelid pull	拉眼皮
cat_ears	猫耳	tongue	舌头
dog_ears	狗耳	tongue out	吐舌头
mouse_ears	老鼠耳	closed mouth	闭嘴
hair ear	毛发耳朵	open mouth	张口
pointy ears	尖耳朵	lipstick	口红
light smile	轻微笑容	fangs	獠牙
seductive smile	诱人的微笑	clenched teeth	咬紧牙关
grin	咧嘴笑	awesome face	帅气的脸

A.7 表情符号

表情符号方面的常用提示词中英文对照表如表 A-7 所示。

表 A-7

英 文	中 文
:3	猫嘴
:p	吐舌头

续表

英　文	中　文
:q	孤嘴
:t	吐舌头
:d	大笑

A.8　眼睛

眼睛方面的常用提示词中英文对照表如表 A-8 所示。

表 A-8

英　文	中　文	英　文	中　文
blue eyes	蓝眼睛	glowing eyes	发光的眼睛
red eyes	红眼睛	empty eyes	空洞的眼睛
brown eyes	棕眼睛	rolling eyes	翻白眼
green eyes	绿眼睛	blank eyes	茫然的眼睛
purple eyes	紫眼睛	no eyes	没有眼睛
yellow eyes	黄眼睛	sparkling eyes	闪烁的眼睛
pink eyes	粉眼睛	extra eyes	额外的眼睛
black eyes	黑眼睛	crazy eyes	疯狂的眼睛
aqua eyes	水绿色眼睛	solid circle eyes	实心圆形眼睛
grey eyes	灰眼睛	solid oval eyes	实心椭圆眼睛
orange eyes	橙色眼睛	uneven eyes	不对称的眼睛
multicolored eyes	多彩眼睛	blood from eyes	眼睛流血
white eyes	白眼睛	eyeshadow	眼影
gradient eyes	渐变眼睛	red eyeshadow	红色眼影
closed eyes	闭眼	blue eyeshadow	蓝色眼影
half-closed eyes	半闭的眼睛	purple eyeshadow	紫色眼影
crying with eyes open	睁眼哭泣	pink eyeshadow	粉色眼影
narrowed eyes	眯缝眼睛	green eyeshadow	绿色眼影
hidden eyes	隐藏的眼睛	bags under eyes	眼袋
heart-shaped eyes	心形眼睛	ringed eyes	黑眼圈
button eyes	纽扣眼睛	covered eyes	遮住的眼睛
cephalopod eyes	头足类动物的眼睛	covering eyes	遮盖眼睛
eyes visible through hair	透过头发可见眼睛	shading eyes	遮挡阳光的眼睛

 **服装**

服装方面的常用提示词中英文对照表如表 A-9 所示。

表 A-9

英 文	中 文	英 文	中 文
sailor collar	水手领	barefoot	光脚
hat	帽子	striped	条纹
shirt	衬衫	polka_dot	圆点
serafuku	水手服	frills	褶边
sailor suit	水手服	lace	蕾丝
sailor shirt	水手衫	buruma	运动短裤
shorts under skirt	裙子下的短裤	sportswear	运动服
collared shirt	领衫	gym_uniform	体育服
school uniform	校服	black sports bra	黑色运动文胸
seifuku	制服	crop top	短款上衣
business_suit	商务套装	pajamas	睡衣
jacket	夹克	japanese_clothes	和服
suit	套装	obi	和服腰带
garreg mach monastery uniform	嘉雷格修道院的制服	mesh	网状
pink lucency full dress	粉色透明礼服	sleeveless shirt	无袖衫
sleeveless dress	无袖裙子	detached sleeves	脱离袖子
white dress	白色裙子	white bloomers	白色短裤
sailor dress	船领裙子	high‐waist shorts	高腰短裤
sweater dress	毛衣裙	pleated skirt	百褶裙
ribbed sweater	有纹理的毛衣	skirt	裙子
western	西装	miniskirt	迷你裙
tank_top	背心	short shorts	短裙
sweater jacket	毛衣外套	summer_dress	夏季连衣裙
tartan	格子	bloomers	短裤
cropped jacket	短款夹克	shorts	短裤
off_shoulder	露肩	bike_shorts	自行车短裤
dungarees	工装裤	dolphin shorts	速干短裤
brown cardigan	棕色开衫	belt	皮带
hoodie	卫衣	bikini	比基尼

续表

英　文	中　文	英　文	中　文
robe	长袍	sling bikini	吊带比基尼
cape	披风	bikini_top	比基尼上衣
cardigan	开衫	bikini top only	只有比基尼上衣
apron	围裙	side‐tie bikini bottom	比基尼侧绑下衣
wedding_dress	婚纱	side-tie_bikini	侧绑比基尼
gothic	哥特	frilled bikini	褶边比基尼
lolita_fashion	洛丽塔时尚	pleated skirt	百褶裙
gothic_lolita	哥特洛丽塔	competition swimsuit	竞技泳衣

A.10　裤袜与腿饰

裤袜与腿饰方面的常用提示词中英文对照表如表 A-10 所示。

表 A-10

英　文	中　文	英　文	中　文
garter straps	吊袜带	frilled thighhighs	荷叶边大腿高袜子
garter belt	吊带腰带	fishnet thighhighs	渔网大腿高袜子
socks	袜子	pantyhose	连裤袜
kneehighs	长筒袜	black pantyhose	黑色连裤袜
white kneehighs	白色长筒袜	white pantyhose	白色连裤袜
black kneehighs	黑色长筒袜	thighband pantyhose	大腿带连裤袜
over-kneehighs	超过膝盖的长筒袜	brown pantyhose	棕色连裤袜
single kneehigh	单只长筒袜	fishnet pantyhose	渔网连裤袜
tabi	足袋	striped pantyhose	条纹连裤袜
bobby socks	波比袜	vertical-striped pantyhose	竖条纹连裤袜
loose socks	松软袜子	grey pantyhose	灰色连裤袜
single sock	单只袜子	blue pantyhose	蓝色连裤袜
no socks	没穿袜子	single leg pantyhose	单腿连裤袜
socks removed	脱掉袜子	purple pantyhose	紫色连裤袜
ankle socks	踝袜	red pantyhose	红色连裤袜
striped socks	条纹袜	fishnet legwear	渔网袜
blue socks	蓝色袜子	bandaged leg	腿部绑带
grey socks	灰色袜子	bandaid on leg	腿部创可贴
red socks	红色袜子	mechanical legs	机械腿

续表

英 文	中 文	英 文	中 文
frilled socks	荷叶边袜子	leg belt	腿部腰带
thighhighs	大腿高袜子	leg tattoo	腿部文身
black thighhighs	黑色大腿高袜子	bound legs	捆绑腿部
white thighhighs	白色大腿高袜子	leg lock	腿部锁
striped thighhighs	条纹大腿高袜子	panties under pantyhose	连裤袜下的内裤
brown thighhighs	棕色大腿高袜子	panty & stocking with_ garterbelt	带吊带腰带的内裤和长袜
blue thighhighs	蓝色大腿高袜子	thighhighs over pantyhose	大腿上的连裤袜
red thighhighs	红色大腿高袜子	socks over thighhighs	长袜披在大腿高袜上
purple thighhighs	紫色大腿高袜子	panties over pantyhose	连裤袜外的内裤
pink thighhighs	粉色大腿高袜子	pantyhose under swimsuit	泳衣下的连裤袜
grey thighhighs	灰色大腿高袜子	black garter_belt	黑色吊带腰带
thighhighs under boots	靴子下的大腿高袜子	neck garter	颈部吊带
green thighhighs	绿色大腿高袜子	white garter_straps	白色吊袜带
yellow thighhighs	黄色大腿高袜子	black garter_straps	黑色吊袜带
orange thighhighs	橙色大腿高袜子	ankle garter	脚腕吊带
vertical-striped thighhighs	竖条纹大腿高袜子	latex legwear	乳胶裤袜

A.11 鞋子

鞋子方面的常用提示词中英文对照表如表 A-11 所示。

表 A-11

英 文	中 文
shoes	鞋子
boots	靴子
loafers	乐福鞋
high heels	高跟鞋
cross-laced_footwear	交叉系带鞋
mary_janes	玛丽珍鞋
uwabaki	上屐
slippers	拖鞋
knee_boots	长筒靴

其他装饰

其他服饰方面的常用提示词中英文对照表如表 A-12 所示。

表 A-12

英 文	中 文	英 文	中 文
halo	光环	ribbon_choker	丝带项圈
mini_top_hat	迷你礼帽	black choker	黑色项圈
beret	贝雷帽	necklace	项链
hood	兜帽	headphones around neck	脖子上的耳机
nurse cap	护士帽	collar	衣领
tiara	皇冠	sailor_collar	水手领
oni horns	鬼角	neckerchief	领巾
demon horns	恶魔角	necktie	领带
hair ribbon	头发丝带	cross necklace	十字架项链
flower ribbon	花状丝带	pendant	吊坠
hairband	发箍	jewelry	首饰
hairclip	发卡	scarf	围巾
hair_ribbon	头发丝带	armband	臂章
hair_flower	头发花	armlet	手镯
hair_ornament	发饰	arm strap	臂带
bowtie	蝶形领结	elbow gloves	手肘手套
hair_bow	头发蝴蝶结	half gloves	半指手套
bow	弓结	fingerless_gloves	无指手套
hair ornament	头发饰品	gloves	手套
heart hair ornament	心形头发饰品	fingerless gloves	无指手套
bandaid hair ornament	创可贴头发饰品	chains	链条
hair bun	发髻	shackles	枷锁
cone hair bun	圆锥形发髻	cuffs	手铐
double bun	双髻	handcuffs	手铐
semi-rimless eyewear	半框眼镜	bracelet	手镯
sunglasses	太阳镜	wristband	腕带
goggles	护目镜	wristwatch	腕表
maid_headdress	女仆头饰	wrist_cuffs	腕套
eyepatch	眼罩	holding book	拿着书
black blindfold	黑色眼罩	holding sword	拿着剑

续表

英 文	中 文	英 文	中 文
headphones	耳机	tennis racket	网球拍
veil	面纱	cane	手杖
mouth mask	口罩	backpack	背包
glasses	眼镜	school bag	学生书包
earrings	耳环	satchel	书包
jewelry	首饰	smartphone	智能手机
bell	铃铛	bandaid	创可贴

A.13 动作

动作方面的常用提示词中英文对照表如表 A-13 所示。

表 A-13

英 文	中 文	英 文	中 文
head tilt	倾头	armpits	腋窝
turning around	转身	leg hold	抓腿
looking back	回头	grabbing	抓住
looking down	低头	holding	握住
looking up	抬头	fingersmile	手指微笑
smelling	闻	hair_pull	拉头发
hand_to_mouth	手触嘴	hair scrunchie	捏头发
arm at side	手臂在身边	w	双指勾
arms behind head	手臂在后脑勺	v	双指剪刀手
arms behind back	手臂在背后	peace symbol	和平标志
hand on own chest	手放在胸前	thumbs_up	竖大拇指
arms_crossed	手臂交叉	middle_finger	中指
hand_on_hip	手放在臀部	cat_pose	猫的姿势
hands_on_hips	双手放在臀部	finger_gun	手指枪
arms up	手臂上举	shushing	嘘声
hands up	双手举起	waving	挥手
stretch	伸展	salute	敬礼
princess_carry	公主抱	spread_arms	张开手臂

反侵权盗版声明

电子工业出版社依法对本作品享有专有出版权。任何未经权利人书面许可，复制、销售或通过信息网络传播本作品的行为；歪曲、篡改、剽窃本作品的行为，均违反《中华人民共和国著作权法》，其行为人应承担相应的民事责任和行政责任，构成犯罪的，将被依法追究刑事责任。

为了维护市场秩序，保护权利人的合法权益，我社将依法查处和打击侵权盗版的单位和个人。欢迎社会各界人士积极举报侵权盗版行为，本社将奖励举报有功人员，并保证举报人的信息不被泄露。

举报电话：（010）88254396；（010）88258888

传　　真：（010）88254397

E－m a i l：dbqq@phei.com.cn

通信地址：北京市万寿路 173 信箱　电子工业出版社总编办公室

邮　　编：100036